**Donna Tige Bala**
**Sabo Ezemuel Yakubu**
**Isah Obansa Abdullahi**

# Propriedade lítica dos bacteriófagos em espécies de Salmonella

**Donna Tige Bala**
**Sabo Ezemuel Yakubu**
**Isah Obansa Abdullahi**

# Propriedade lítica dos bacteriófagos em espécies de Salmonella

## Isolamento, Caracterização e Determinação da Propriedade Lítica de Bacteriófagos em espécies de Salmonella

**ScienciaScripts**

**Imprint**

Any brand names and product names mentioned in this book are subject to trademark, brand or patent protection and are trademarks or registered trademarks of their respective holders. The use of brand names, product names, common names, trade names, product descriptions etc. even without a particular marking in this work is in no way to be construed to mean that such names may be regarded as unrestricted in respect of trademark and brand protection legislation and could thus be used by anyone.

Cover image: www.ingimage.com

This book is a translation from the original published under ISBN 978-620-2-30298-2.

Publisher:
Sciencia Scripts
is a trademark of
Dodo Books Indian Ocean Ltd. and OmniScriptum S.R.L publishing group

120 High Road, East Finchley, London, N2 9ED, United Kingdom
Str. Armeneasca 28/1, office 1, Chisinau MD-2012, Republic of Moldova, Europe
Managing Directors: Ieva Konstantinova, Victoria Ursu
info@omniscriptum.com

Printed at: see last page
**ISBN: 978-620-3-29963-2**

# DEDICAÇÃO

Esta obra é dedicada à Glória de Deus, ao serviço da humanidade e ao meu falecido pai, Sr.

Bala P. Duna.

# RECONHECIMENTO

Ao Deus Todo-Poderoso, meu Pai, Criador, Provedor, que era, que é e que há-de vir, dou toda a Glória, Louvor e Agradecimento.

A minha profunda gratidão aos meus supervisores, Prof. S.E. Yakubu e Prof. I.O. Abdullahi, pelos seus esforços incansáveis e pelo apoio que deram para que este trabalho se tornasse realidade. Foram mais do que pais e mentores, fazendo emergir o microbiologista que há em mim.

Um agradecimento especial ao HOD, Prof. I.O. Abdullahi, e a todo o pessoal (académico e não académico) do departamento, especialmente ao Dr. E.E. Ella, Mallam Shuiabu, Mallam Shittu, Alhaji Aliyu Gwadabe e Sr. Onuh, para mencionar alguns, sem os quais este trabalho teria sido mais abstrato do que prático. Agradeço também à direção dos Serviços de Saúde da Universidade e ao pessoal do laboratório de microbiologia, UHS, ABU, Zaria e ao pessoal de segurança do gabinete da área de segurança do centro de TIC Iya Abubakar pela sua assistência e paciência para comigo. Muito obrigado ao Sr. Matthew e a outros trabalhadores da estação de tratamento de águas residuais e aos agricultores e pescadores de Kwanan Kurmi por me terem permitido e ajudado na recolha de amostras.

O meu apreço vai também para a Dra. Mastura Akhtar e para o Prof. Francisco Diez-Gonzalez - os meus treinadores à distância, no Departamento de Ciência Alimentar e Nutrição da Universidade de Minnesota, para o Prof. Junaidu Kabir e para o Prof. Lazarus Baba Tekdek da Faculdade de Medicina Veterinária e para o Sr. Apeh do Departamento de Bioquímica, ABU, Zaria, que deram enormes contributos para a investigação.

Os meus sinceros agradecimentos à minha mãe, Sra. Bala Duna, e aos meus irmãos - Barnabas, Bridget e Daniel - cujo amor e apoio sempre apreciei. Gostaria de agradecer especialmente aos meus colegas e amigos, em especial a Pslot Lot, Elizabeth e Jane Williams, Rev. e Sra. John Nuhu, David Balogun, Taiwo Ajiboye, Rufus Enenya, Silas Akaten, Elsie Luka, Pascal Omeiza Pemida, Deborah Akut, Aaron Ogenyi, Titilayo Monsurat Sikiru,

Tarfena Amapu, Ignatius Mgunzu, Sr. Onaji, Sra. Marie Yomi, Edoama Akpapan, Johnson

Oguche, Dr. Chidiebere, Dr. Benjamin Ocheija, Arome Shua'ibu, Albert Luka, Yakadi Abati, Joseph Otafu Adaji, Francis Iye, Sadisu Nusa, Rabiu Nusa, Madaki Nuhu, Benjamin Gideon, Paul John, Biodun Akoja, Glory Ononokpono, Ijeoma Ewerem, Esson Aklor Elijah, Bukola Obayemi, Henry, Sr. e Sra. Henry Bature, Henry Bishop Gabriel, Emmanuel Atai, Husseini, Matthew Idoko e Bunmi, que estiveram presentes nas montanhas e nos vales durante a investigação.

Um agradecimento especial aos meus Disciplinadores - Sr. e Sra. Yonni Apeji, membros do PGF, FCS, CEM, Coro Redemption, Ministério The way out, Capela da Redenção e a todos os meus colegas de quarto por serem a minha família longe de casa.

# **RESUMO**

O controlo de agentes patogénicos como a *Salmonella* é vital para controlar as perdas económicas, a morbilidade e a mortalidade animal e humana. A utilização de antibióticos no controlo destes agentes patogénicos enfrenta desafios como o desenvolvimento de resistência e efeitos secundários adversos. É necessário utilizar outros agentes antibacterianos juntamente com os antibióticos ou como alternativa a estes. Os bacteriófagos, que infectam bactérias específicas, mostram-se especializados neste aspeto e são conhecidos por serem um potencial agente de biocontrolo contra bactérias patogénicas como *a Salmonella*. Este estudo teve como objetivo isolar, caraterizar e determinar a propriedade lítica de bacteriófagos em espécies de *Salmonella* obtidas no decurso do estudo a partir de um ovo e de um isolado clínico da Enfermaria da Universidade. Para o estudo, foram utilizadas duas espécies de *Salmonella*, um isolado clínico obtido nos serviços de saúde da Universidade, isolado de origem humana, e outro isolado do interior de um ovo. Foram isolados sete bacteriófagos {três para cada um e o fago de referência (Salmonelex que foi comprado à Microes Food Safety, Países Baixos) para ambos} que são líticos contra as duas espécies de *Salmonella* (do ponto de recolha central do sistema de drenagem da universidade, da barragem em Kwanan kurmi e do solo das terras agrícolas e dos campos abertos onde os animais normalmente pastam à volta da barragem), cultivados e concentrados. Os seus efeitos antibacterianos nos dois isolados *de Salmonella* foram comparados *in vitro* com os de dois antibióticos (Ciprofloxacina e Cloranfenicol) e com os da sua combinação com cada antibiótico (1DWC, 1DWCip, 1KSC, 1KSCip, 1KWC, 1KWCip, 1RC, 1RCip, 2DWC, 2DWCip, 2KSC, 2KSCip, 2KWC, 2KWCip, 2RC e 2RCip). Os fagos revelaram-se tão eficazes como os antibióticos (como na comparação entre 1R e cloranfenicol, 2DW e ciprofloxacina, 2KS e ciprofloxacina e entre 2R e cloranfenicol); em alguns casos, foram mais eficazes do que os antibióticos (como na comparação entre

1DW e Cloranfenicol ou Ciprofloxacina, 1R e Cloranfenicol ou

Ciprofloxacina e entre 2R e Ciprofloxacina) e em alguns casos (como a comparação entre Cloranfenicol e 1KS, 1KW, 2DW, 2KS ou 2KW e entre Ciprofloxacina e 1KW ou 1KS) foram menos eficazes. Nalguns casos, a combinação dos fagos e dos antibióticos (como a combinação de cloranfenicol com 1KS, 1KW, 1R ou 2KW e de ciprofloxacina com 1KS, 1KW, 2KS ou 2KW) produziu um efeito sinérgico. Foi evidente que estes fagos e as suas combinações com antibióticos podem ser potenciais agentes de controlo de espécies de *Salmonella*. Os bacteriófagos podem ser utilizados como agentes de biocontrolo contra a *Salmonella* e podem igualmente ser utilizados como complemento ou alternativa a antibióticos como o cloranfenicol e a ciprofloxacina no controlo da infeção por *Salmonella*.

# ÍNDICE DE CONTEÚDOS

# LISTA DE ABREVIATURAS

| | | |
|---|---|---|
| ACMSF | - | Advisory Committee on the Microbiological Safety of Food |
| CFSPH | - | Center for Food Security and Public Health |
| CDC | - | Centre for Disease Control and Prevention |
| CLSI | - | Clinical and Laboratory Standards Institute |
| CiWF and WSPA | - | Compassion in World Farming and World Society for the Protection of Animals |
| EFSA | - | European Food Safety Authority |
| FDA | - | Food and Drug Administration |
| FAO | - | Food and Agriculture Organisation |
| FSIS | - | Food Safety and Inspection Service |
| USDA | - | United States Department of Agriculture |
| WHO | - | World Health Organization |

# CAPÍTULO 1

1.1            **INTRODUÇÃO**

1.2            **Antecedentes**

Os bacteriófagos (fagos) são vírus que infectam bactérias. Os seus estudos como os sistemas biológicos mais simples lançaram as bases da biologia molecular e da genética microbiana (Cairns *et al.*, 1992; Kropinski, 2006). Isto forneceu informações sobre os processos centrais da célula bacteriana (replicação do ADN, transcrição e tradução) e transdução (Cairns *et al.*, 1992; Kropinski, 2006). Os fagos são omnipresentes e considerados como as entidades biológicas mais abundantes, com estimativas de $\geq 10^{31}$ partículas de fagos na Terra (Chibani- Chennoufi *et al.*, 2004a). O seu material genético, encapsulado num revestimento proteico, é o ADN ou o ARN, que pode ser de cadeia simples ou dupla (Whitman *et al.*, 1998; Willey *et al.*, 2008).

Com base no ciclo de vida, eles são classificados em dois: Fagos temperados e fagos virulentos (Willey *et al.*, 2008; Ryan *et al.*, 2011). Os fagos temperados têm um ciclo de vida lisogénico em que o ácido nucleico é replicado juntamente com o gene do hospedeiro durante várias gerações, sem grandes consequências metabólicas para a célula hospedeira. Em vez disso, estabelecem um mutualismo com o lisogénio que resulta em mutação e imunidade à superinfeção (Benett e Howe, 1998; Mathur *et al.*, 2003; Willey *et al.*, 2008). Em condições adequadas, como um maior número de células hospedeiras em relação aos fagos, os fagos temperados podem iniciar um ciclo lítico para lisar a célula hospedeira e libertar partículas de fago (Benett e Howe, 1998; Willey *et al.*, 2008).

Os fagos virulentos, por outro lado, possuem um ciclo de vida lítico em que há penetração do ácido nucleico do fago no desenvolvimento intracelular do hospedeiro e libertação final de partículas filhas do fago após a lise da célula hospedeira (Hanlon, 2007; Willey *et al.*, 2008; Ryan *et al.*, 2011). Vários fagos infectam especificamente grupos bacterianos específicos. Esta especificidade pode ser explorada no controlo das bactérias que infectam, por exemplo, as *Enterobacteriaceae* que são infectadas por vários colifagos.

*A Salmonella*, um agente patogénico intracelular facultativo e membro da família *Enterobacteriaceae* é provavelmente a bactéria patogénica mais importante transmitida por via oral. Embora possa ser transmitida através de alimentos contaminados e do contacto direto de pessoas infectadas, o meio mais grave e comum de transmissão é a água (Madigan *et al.*, 1997). *A Salmonella enterica*, uma das espécies de *Salmonella* cuja subespécie de importância médica é *enterica*, tem serovares que incluem Enteritidis, Paratyphi, Typhi e Typhimurium (Murray *et al.*, 2009). Sabe-se que outras espécies de *Salmonella*, para além da *Salmonella* Typhi, causam salmonelose, que é mais frequente mas menos grave do que a febre tifoide (Madigan *et al.*, 1997). As fontes de *Salmonella* de origem alimentar são os seres humanos e os animais de sangue quente. O organismo chega aos alimentos através da contaminação dos manipuladores de alimentos, como no caso da febre tifoide Mary (Madigan *et al.*, 1997; Willey *et al.*, 2008).

Outro serovar de *Salmonella* que tem importância médica, mas para as aves de capoeira, é a *Salmonella enterica* subespécie *enterica* serovar Pullorum. A doença de Pullorum é normalmente sintomática apenas nas aves jovens, mas nas aves em crescimento e nos adultos, as infecções por *Salmonella* Pullorum são provavelmente inaparentes. A taxa de mortalidade varia, mas pode atingir os 100% (CFSPH, 2009; Hoelzer *et al.*, 2011). O controlo destas doenças é complicado pela transmissão vertical, uma vez que as galinhas podem tornar-se portadoras de infecções subclínicas e transmitir as infecções aos seus embriões no ovo. As infecções por *Salmonella* Pullorum podem ser encontradas em muitas espécies de aves, incluindo galinhas, perus, codornizes, pintadas, faisões, patos, pombos, pardais, canários, dom-fafe e papagaios; no entanto, a doença pullorum é pouco frequente, exceto em galinhas, perus e faisões (CFSPH, 2009; Hoelzer *et al.*, 2011).

A especificidade dos fagos em relação ao hospedeiro e as suas propriedades líticas despertaram o interesse de cientistas como Frederick Twort, um bacteriologista inglês que em 1915 os observou (Twort, 1915; Topley e Wilson, 1929) e Felix d'Herelle, um microbiologista franco-canadiano que em 1917 os estudou, registou e nomeou oficialmente (D'Herelle, 1917; Summers, 1999), dando origem à terapia com fagos (Topley e Wilson, 1929; Summers, 2001; Sulakvelidze *et al*,

2001; Kropinski, 2006; Ryan *et al.*, 2011). A terapia fágica consiste na utilização de bacteriófagos para matar ou controlar as bactérias no hospedeiro infetado (Bull *et al.*, 2002). Foi abandonada durante décadas pelos países ocidentais em resultado do aparecimento e comercialização de antibióticos, mas sobreviveu na antiga União Soviética (Mathur *et al.*, 2003; Kutter e Sulakvelidze, 2005; Kropinski, 2006).

A resistência aos antibióticos devido ao uso abusivo e o consequente declínio do investimento e do desenvolvimento de novos antibióticos pelas indústrias farmacêuticas levaram a um renascimento do interesse pela terapia com fagos nos domínios da medicina humana e veterinária (Chopra, 1997; Mathur *et al.*, 2003; Kropinski, 2006; Veiga-crespo *et al.*, 2007; Morel e Mossialos, 2010). Posteriormente, o interesse pela sua capacidade de controlar a população bacteriana passou da aplicação médica para os domínios da agricultura (Leverentz *et al.*, 2003; O'Flaherty *et al.*, 2009), da aquicultura (Park *et al.*, 2000; Nakai e Park, 2002), da ecologia (Chibani- Chennoufi *et al.*, 2004a; Withey *et al.*, 2005) e da indústria alimentar (Montville e Chikindas, 2007).

**1.3**                     **Declaração do problema de investigação**

Vários surtos de doenças transmitidas por alimentos foram atribuídos a *Salmonella*, cujos principais veículos foram frutas, vegetais não cozinhados, peixe contaminado, carne, produtos lácteos, ovos e respectivos produtos de animais infectados ou alimentos cozinhados e enlatados (como batatas fritas, pastelaria e chocolates) manuseados por portadores de agentes patogénicos. Outros veículos incluem carne e produtos do campo que foram contaminados direta ou indiretamente com fezes de animais domésticos ou selvagens (CDC, 1997; Madigan *et al.*, 1997; D'Aoust e Maurer, 2007; Meng *et al.*, 2007).

As condições clínicas causadas por Salmonella spp, além de febres entéricas, enterocolite e salmonelose, incluem complicações como infecções sistémicas e condições crónicas induzidas por Salmonella, como artrite asséptica reactiva, síndrome de Reiter e espondilite anquilosante (Cheesbrough, 2006; Willey *et al.*, 2008). Embora a maioria dos doentes recupere da salmonelose, esta pode causar problemas em crianças, idosos e pessoas imunocomprometidas (Cheesbrough,

2006; Willey *et al.*, 2008).

Por outro lado, a infeção por *Salmonella* Pullorum tem um impacto económico drástico, uma vez que as aves nascidas de ovos infectados dificilmente sobrevivem até se tornarem adultas produtivas, uma vez que morrem pouco depois de eclodirem ou ficam com peso a menos e penas fracas, acabando por morrer antes de atingirem a maturidade completa. Também provoca uma diminuição da produção de ovos, da fertilidade ou da eclodibilidade em portadores inaparentes, bem como em aves com sinais sistémicos (CFSPH, 2009; Hoelzer *et al.*, 2011).

Várias classes de antibióticos, como os aminoglicosídeos (gentamicina e estreptomicina) (Bischoff *et al.*, 1977; Paradelis *et al.*, 1980), os beta-lactâmicos (penicilinas e cefalosporinas) (Grill e Maganti, 2008), as quinolonas (ciprofloxacina e levofloxacina) (Akahane *et al*, 1989; Isaacson *et al.*, 1993; Kushner *et al.*, 2001; Hakko *et al.*, 2005), cloranfenicol (Venegas-Francke *et al.*, 2000) e tetraciclinas (Kesler *et al.*, 2004) têm sido utilizados como remédio para prevenir e tratar infecções causadas por bactérias patogénicas como a *Salmonella*. A ocorrência de resultados positivos é elevada, mas não está isenta de desafios. Os antibióticos podem ter múltiplos efeitos secundários que podem ser graves (Smith e Huggins, 1982; Mathur *et al.*, 2003), como perturbações intestinais, alergias, promoção de infecções secundárias (Prins *et al.*, 1994; Yao e Moellering, 1995) e neurotoxicidade (Snavely e Hodges, 1984; Chow *et al.*, 2004; Grill e Maganti, 2011). Foi registado um aumento global acentuado de micróbios resistentes a múltiplos antibióticos, entre os quais *Salmonella* resistente a múltiplos medicamentos, em diferentes momentos da história (CDC, 2004). Embora a resistência esteja a aumentar em muitos agentes patogénicos, o número de novos agentes antimicrobianos aprovados para utilização abrandou. Assim, a capacidade de controlar os surtos de doenças infecciosas apenas através da utilização de antibióticos tem vindo a diminuir (Fred e John, 1998).

**1.4**               **Justificação do estudo**

Um dos agentes de prevenção e tratamento de infecções causadas por bactérias patogénicas que tem elevada eficácia e promete um futuro de melhor controlo das bactérias patogénicas é o bacteriófago ou simplesmente, fago. Há muito que os fagos são considerados como agentes de biocontrolo na produção alimentar. Foram utilizados como sistemas antimicrobianos para alimentos a nível pré-colheita e pós-colheita (Barrow e Soothill, 1997; Leverentz *et al.*, 2001 e 2003b) para eliminar ou reduzir as bactérias contaminantes em vários alimentos, incluindo frutas e legumes (Sharma *et al.*, 2009). As preparações comerciais de fagos foram aprovadas como aditivos alimentares antimicrobianos pela U.S. Food and Drug Administration em 2006 (FDA, 2006) e pelo US Department of Agriculture (USDA) para prevenir a contaminação bacteriana de gado, culturas alimentares, carne e outros produtos alimentares por micróbios como *Salmonella* (O'Flaherty *et al.*, 2009), *Listeria monocytogenes* (Fortuna *et al.*, 2008) e *E.coli* (O'Flaherty *et al.*, 2009).

Uma área vital da investigação sobre fagos que mostra a possibilidade da sua utilização para controlar agentes patogénicos humanos, como a *Salmonella*, é a sua utilização para tratar infecções em animais, bem como para evitar o transporte de agentes patogénicos zoonóticos que podem subsequentemente entrar no sistema da cadeia alimentar (Smith e Huggins, 1983; Nakai e Park, 2002; Sheng *et al.*, 2006; Tan *et al.*, 2014). Foram realizados ensaios clínicos com preparações de fagos para tratar diferentes infecções em seres humanos, como infecções do ouvido, queimaduras e úlceras nas pernas, que mostraram um declínio de cerca de 80% na contagem média de células bacterianas no local da infeção em doentes tratados com fagos (Fortuna *et al.*, 2008). Outros ensaios mostraram que os fagos podem ser utilizados em combinação com antibióticos para tratar certas infecções resistentes aos antibióticos isolados (Alisky *et al.*, 1998). Foram administradas preparações de fagos a doentes cujas infecções não respondiam à terapia com antibióticos. Os resultados mostraram uma elevada percentagem de recuperação total (cerca de 93%) e melhorias na condição (Slopek *et al.*, 1987; Weber-Dabrowska *et al.*, 2000; Gorski *et al.*, 2007).

As preocupações com problemas como a resistência a múltiplos medicamentos por parte de bactérias patogénicas, os efeitos secundários e o elevado custo do tratamento levaram à investigação de outros agentes de prevenção e tratamento de infecções bacterianas (Church *et al.*,

2006; McVay *et al.*, 2007). Os bacteriófagos podem ser a melhor resposta à resistência aos antibióticos no tratamento de infecções bacterianas (Matsuzaki *et al.*, 2005; Hanlon, 2007; Malik e Chhibber, 2009; Bedi *et al.*, 2009; Kumari *et al.*, 2011). Estes fagos são considerados agentes bactericidas económicos, seguros, auto-replicantes e eficazes (Inal, 2003; Bradbury, 2004).

Os relatos de tratamentos com fagos bem sucedidos são encorajadores e indicam um elevado grau de eficácia da terapia com fagos no combate aos agentes patogénicos bacterianos. Nesta perspetiva, as actividades e propriedades dos bacteriófagos têm de ser exploradas localmente e exploradas para melhorar a saúde clínica e pública, que é diariamente ameaçada por microrganismos patogénicos.

## 1.5         Objetivo

O objetivo deste estudo foi isolar, caraterizar e determinar a propriedade lítica de bacteriófagos em espécies de *Salmonella*.

## 1.6         Objectivos específicos

Os objectivos específicos do estudo foram os seguintes

1. Obter isolados clínicos, bem como isolar algumas espécies de *Salmonella* e caracterizá-los utilizando o método convencional e kits de identificação rápida (Microgen GnA-ID System e soro aglutinante *Salmonella* Polyvalent O para os grupos A-S).

2. Isolar, concentrar e caraterizar parcialmente bacteriófagos de águas residuais, de uma barragem e do solo, utilizando técnicas de filtração, centrifugação diferencial e ensaio em placa.

3. Determinar a atividade lítica dos bacteriófagos em *Salmonella* utilizando o ensaio de lise em tubo, através da libertação de fagos descendentes e da medição da densidade ótica.

4. Comparar as actividades antibacterianas, bem como determinar as actividades combinadas de bacteriófagos com antibióticos padrão nos isolados.

# CAPÍTULO 2

 ## REVISÃO DA LITERATURA

**2.2**     **Bacteriófagos**

Bacteriófago significa literariamente "comedor de bactérias" e refere-se à notável capacidade dos "vírus específicos de bactérias" para provocar a lise de culturas bacterianas em crescimento. Isto é acompanhado pela produção de mais fagos que são transmissíveis em série de cultura para cultura de bactérias susceptíveis (Adams, 1959; Griffiths *et al.*, 2004; Orlova, 2012; Hyman e Abedon, 2015). O nome foi dado por Felix d'Herelle e sua esposa em 1916 à substância bacteriolítica que ele isolou das fezes de um paciente com disenteria (Adams, 1959; Summers, 1999; Stone, 2002; Orlova, 2012). Em determinadas condições, alguns fagos comportam-se mais como antibióticos do que como vírus quando atacam e matam bactérias susceptíveis sem evidência de lise bacteriana ou de multiplicação de fagos (Adams, 1959; Summers, 1999).

Os bacteriófagos, sendo ubíquos como as bactérias, são comuns em todos os ambientes naturais - incluindo os nossos corpos - e estão diretamente relacionados com o número de bactérias presentes. Consequentemente, representam as formas de "vida" mais abundantes na Terra, estimando-se que existam $10^{32}$ bacteriófagos no planeta (Wommack e Colwell, 2000; Rohwer e Edwards, 2002; Hyman e Abedon, 2009; Hyman e Abedon, 2015). O número de fagos até agora isolados e caracterizados - um pouco mais de 5000 - é apenas uma pequena fração da população total de fagos e, destes, aqueles cuja sequência completa do genoma foi determinada são apenas cerca de 750, correspondendo a apenas 12 hospedeiros bacterianos diferentes (Ackermann, 2007; Hatfull e Hendrix, 2011; Orlova, 2012). São facilmente isoladas de diferentes ambientes relacionados com o seu hospedeiro, como a água, o estrume, as explorações de animais e de produtos agrícolas, diferentes efluentes de instalações de transformação, fezes e esgotos, sendo por isso muito comuns no solo (Orlova, 2012; Akhtar *et al.*, 2014). A sequenciação de genomas bacterianos revela que os elementos do genoma dos fagos são uma fonte importante de diversidade de sequências e influenciam potencialmente a patogenicidade e a evolução das bactérias. É possível que existam muitos fagos que não podem ser recuperados por técnicas laboratoriais padrão e que, por conseguinte, não são detectados. No entanto, aqueles que já possuem genomas sequenciados podem ser utilizados para futuros estudos genéticos, bioquímicos e estruturais (Hatfull e Hendrix, 2011; Orlova, 2012; Rohwer *et al.*, 2014).

Os bacteriófagos constituem as raízes da biologia molecular e da genética molecular e são ferramentas essenciais para a engenharia genética (Rohwer *et al.*, 2014; Hyman e Abedon, 2015). Por exemplo, fornecem provas experimentais de que o ácido nucleico, e não a proteína, é o material genético, ajudam a reconhecer o código tripleto e, mais tarde, são utilizados para descobrir os mecanismos de regulação dos genes, a ligação das proteínas ao ADN, a dobragem das proteínas, a montagem de estruturas macromoleculares e a recombinação genética, demonstraram a evolução através da transferência horizontal flagrante de genes e provaram que as mutações surgem independentemente da pressão da seleção natural e não como resposta a essa pressão; os seus genomas foram utilizados para a primeira sequenciação genómica e shotgun genómica/metagenómica; foram utilizados para os avanços na biologia do cancro e contêm a maioria de todos os genes variados e o conjunto global de diversidade genética codificada em fagos e são também biontes essenciais no ser humano (Rohwer *et al.*, 2014).

## 2.3       História dos bacteriófagos

Há mais de um século, os bacteriófagos foram notados por diferentes bacteriologistas devido à sua ação em culturas bacterianas, mas não levaram as suas descobertas a bom termo devido a diferentes factores de restrição. Entre eles contam-se Ernest Hanbury Hankin (um bacteriologista britânico), em 1896, que observou estranhas propriedades antibacterianas da água do rio Índia, filtrada através de um filtro de porcelana, contra a cólera (Hankin, 1896; Abedon *et al.*, 2011b; Orlova, 2012; Wittebole *et al.*, 2014), Gamaleya (um

bacteriologista russo) que observou uma atividade semelhante em *Bacillus subtilis* em 1898 (Samsygina e Boni, 1984; Sulakvelidze *et al.*, 2001; O'Flaherty *et al.*, 2009) e Frederick William Twort (microbiologista britânico) em 1915 que observou uma atividade semelhante de "agente filtrável" que podia ser passado em série de colónia para colónia em culturas de *Staphylococcus aureus* e *Micrococcus*. Atribuiu-o a um vírus diferente dos vírus de plantas e animais, mas não foi mais longe devido à escassez de fundos e ao início da Primeira Guerra Mundial (Twort, 1915; Adams, 1959; Sulakvelidze *et al.*, 2001; Clokie *et al.*, 2011; Orlova, 2012; Wittebole *et al.*, 2014).

O avanço oficial na descoberta dos bacteriófagos ocorreu quando Felix d'Herelle (um médico bacteriologista franco-canadiano), considerado o fundador e pai dos bacteriófagos e da terapia com fagos, descobriu, isolou, caracterizou a natureza viral e deu o nome ao bacteriófago. Também passou a utilizá-lo como agente terapêutico biológico no tratamento de infecções, como a de um rapaz com disenteria que recuperou após ter sido tratado com fago, e em surtos, como a disenteria hemorrágica grave entre as tropas francesas em Maisons-Laffitte, em 1915, e a epidemia de febre tifoide aviária em 1919, em França (D' Herelle, 1917; Adams, 1959; Summers, 1999; Sulakvelidze *et al*, 2001; Dublanchet e Fruciano, 2008; O'Flaherty *et al.*, 2009; Orlova, 2012; Wittebole *et al.*, 2014), atraindo assim a atenção de muitos cientistas médicos para o bacteriófago como ferramenta de resistência/prevenção e recuperação de doenças e como ferramenta para várias investigações e objectivos.

Félix partilha o mérito da descoberta do fago com Twort, uma vez que as descobertas que ocorreram ao mesmo tempo eram independentes uma da outra. Apresentou as suas descobertas em setembro de 1917 na reunião da Academia das Ciências, que foram posteriormente publicadas (D'Herelle, 1917). Participou também na criação do Instituto Internacional de Bacteriófagos em Tbilisi, Geórgia, em 1923 (atualmente Instituto George Eliava de Bacteriófagos,

Microbiologia e Virologia), onde ainda estão a decorrer investigações para a aplicação da terapia com fagos, sendo estes fornecidos para o tratamento de várias infecções bacterianas (Summers, 1999; Sulakvelidze, 2001; Sulakvelidze *et al.*, 2001; O'Flaherty *et al.*, 2009). D'Herelle apresentou muitas descobertas subsequentes que despertaram o interesse na produção e utilização de fagos no tratamento de doenças infecciosas comuns. Desde então, a utilização de bacteriófagos generalizou-se no controlo e na eliminação de infecções até à década de 1940, altura em que se tornou impopular, especialmente na medicina ocidental. Tal deveu-se a fracassos clínicos na terapia com fagos, que podem ser atribuídos a factores como a falta de compreensão da biologia dos fagos e dos seus diferentes modos de ação, técnicas deficientes de experimentação, má qualidade da preparação dos fagos, falta de compreensão e dificuldade em identificar com precisão o agente etiológico da doença a tratar, Expectativa excessiva e, por conseguinte, utilização incorrecta dos fagos, ausência de um protocolo estabelecido para o teste *in vitro* da suscetibilidade bacteriana aos fagos, publicações de opiniões discordantes sobre a eficácia da terapia com fagos, bem como falta de fiabilidade, inconsistência e escassez de dados de ensaios clínicos (Sulakvelidze *et al.*, 2001; Summers, 2004; Skurnik *et al.*, 2007; Kutateladze e Adamia, 2010; Wittebole *et al.*, 2014).

O principal fator que coincidiu com estes factores e causou o abandono dos fagos na medicina ocidental - embora ainda fosse tido em grande estima na antiga União Soviética e na Polónia - foi a descoberta, o aparecimento, a implementação e a generalização de antibióticos de largo espetro para tratamento (Alisky *et al.*, 1998; Clark e March, 2006; Dublanchet e Fruciano, 2008; Chan *et al.*, 2013). A terapia fágica permaneceu inativa até aos anos 80, altura em que o aparecimento de bactérias resistentes aos antibióticos começou a representar uma ameaça para o mundo da medicina. A procura de alternativas aos medicamentos convencionais, juntamente com o advento do microscópio eletrónico, que permitiu compreender melhor a biologia e a aplicação dos fagos, estimulou o renascimento da investigação no mundo dos bacteriófagos (Ruska, 1940; Luria e Anderson, 1942; Luria *et al.*, 1943; Smith e Huggins, 1982 e 1983; Kruger *et al.*, 2000; Rice, 2008; Wittebole *et al.*, 2014). As experiências em humanos começaram na década de 2000 (Bruttin e Brussow, 2005; Rhoads *et al.*, 2009; Merabishvili *et al.*, 2009).

Desde o interesse renovado e o aumento dos conhecimentos sobre a terapia com fagos, as potencialidades e a aplicação dos bacteriófagos, embora ainda estejam a ser objeto de investigação intensiva, ganharam reconhecimento não só na terapia com fagos, mas também no mundo médico. A necessidade da sua aplicação transbordou para os domínios da medicina veterinária e da criação de animais, da agricultura, da água, dos esgotos e do tratamento e ensaio ambiental, da indústria alimentar, da aquicultura, da educação e da biotecnologia como bioagentes potenciais para a deteção, inativação, prevenção, controlo e cura de bactérias patogénicas, bem como instrumentos e modelos de investigação em virologia, engenharia genética e biologia molecular (Watson e Eveland, 1965; Smith, 1985; Benhar, 2001; Sulakvelidze *et al*, 2001; Thomas *et al.*, 2002; Nakai e Park, 2002; Willats, 2002; Inal, 2003; Petrenko e Vodyanoy, 2003; Walter, 2003; Clark e March, 2004; Jepson e March, 2004; Goodridge, 2004: Wang e Yu, 2004; Sharma *et al.*, 2005; Bruttin e Brussow, 2005; Withey *et al.*, 2005; Clark e March, 2006).

## 2.4      Classificação dos bacteriófagos

Tal como acontece com outros vírus, a classificação taxonómica dos bacteriófagos tem sido um desafio, especialmente para o Comité Internacional de Taxonomia de Vírus (ICTV), devido à falta de uma proteína comum ou de um locus genético como o 16s rRNA nas bactérias, no qual se possa basear uma árvore filogenética (Nelson, 2014). Outro desafio é a descoberta contínua de novos fagos que, devido às suas caraterísticas distintas, são difíceis de classificar em espécies de caraterísticas já estabelecidas (Adams, 1959).

No entanto, os fagos podem ser classificados com base em vários factores que incluem a gama de hospedeiros, as caraterísticas do genoma do fago, a morfologia do fago e as estruturas auxiliares e o tipo de infeção.

### 2.4.1  Gama de anfitriões

A classificação dos fagos com base na gama de hospedeiros é valiosa para as estirpes individuais de fagos, mas a sua limitação é o facto de poder ser alterada por uma mutação num único passo (Adams, 1959). Também é menos útil para obter uma compreensão fácil de temas comuns da biologia dos fagos. Por exemplo, os fagos P1 e Mu podem alternar entre diferentes gamas de hospedeiros utilizando proteínas de adsorção codificadas por fagos alternativos. Além disso, é possível caraterizar os fagos sem cultura prévia, utilizando a sequenciação de ácidos nucleicos ou a sequenciação do genoma completo do fago, pelo que a utilização da gama de hospedeiros do fago não é apreciada (Hyman e Abedon, 2015).

### 2.4.2 Caraterísticas do genoma do fago

Os fagos podem ser classificados com base nas caraterísticas do genoma, pois podem ser DNA de fita simples (ss), como M13, DNA de fita dupla (ds), que é o mais comum na natureza, como T4 e Mu, ssRNA, como MS2, e dsRNA, como φ6. Os genomas podem ser segmentados (multipartidos) ou não segmentados (monopartidos) (Willey *et al.*, 2008; Orlova, 2012; Hyman e Abedon, 2015).

A diferenciação dos fagos com base nas sequências de nucleótidos do seu genoma (genómica de fagos) permite cada vez mais o acesso a uma grande quantidade de informações úteis para inferir a sua funcionalidade e história evolutiva. Ajudou o Comité Internacional de Taxonomia (ICTV) a classificar os fagos ao nível do género e da subfamília, conduzindo ao desenvolvimento de novos géneros que, até à data, ascendiam a 39 géneros em 2013 (Hyman e Abedon, 2015).

### 2.4.3 Morfologia dos fagos e estruturas auxiliares

Os fagos podem ser classificados com base na morfologia, o que os torna o maior grupo viral da natureza. Podem ser fagos filamentosos, fagos helicoidais, fagos pleomórficos, fagos icosaédricos sem cauda, fagos com cauda e fagos com envelope contendo lípidos ou com lípidos no invólucro da partícula (Ackermann, 2007). Para os que têm cauda, a cauda pode ser longa ou curta, flexível ou rígida e contrátil ou não contrátil (Hyman e Abedon, 2015). A maioria dos fagos isolados até à data tem cauda. Com base no conhecimento até à data, todos os fagos com cauda têm dsDNA, genoma monopartido e a maioria são fagos líticos, embora alguns sejam temperados (Hyman e Abedon, 2015).

Os factores-chave para classificar os fagos em géneros e famílias são a morfologia do fago e as caraterísticas genómicas (ácido nucleico) (Ackermann, 2007; Orlova, 2012). Por exemplo, os fagos com cauda, que constituem 96% dos fagos conhecidos, são classificados na ordem *Caudavirales* e têm dsDNA. A ordem é classificada em três famílias: *Myoviridiae*, *Siphoviridiae* e *Podoviridiae*, que são apresentadas na tabela 2.1 com outros exemplos.

### 2.4.4 Tipo de infeção

Com base no tipo de infeção, os bacteriófagos são de dois tipos: bacteriófagos virulentos (líticos) e bacteriófagos temperados (lisogénicos) (Lenski, 1988; Orlova, 2012). Os fagos virulentos são fagos que passam por um ciclo produtivo ou lítico no qual muitos viriões livres são libertados pelo hospedeiro bacteriano infetado pelo fago após a replicação do genoma do fago, resultando na lise e destruição/morte do hospedeiro bacteriano (Lenski, 1988; Willey *et al.*, 2008; Hyman e Abedon, 2009). Estes bacteriófagos são bons para utilização em terapia com fagos e outro controlo bacteriano e tipagem/deteção (Jones *et al.*, 2007; Bahador *et al.*, 2007; Smartt e Ripp, 2011; Lu e Koeris, 2011;

Os bacteriófagos temperados, por outro lado, são os fagos que passam por um ciclo lisogénico no qual o ADN viral é integrado no ADN da célula hospedeira à medida que é replicado juntamente com o genoma do hospedeiro. Neste caso, o ADN viral é segregado e herdado pelas células bacterianas filhas, pelo que não são libertados profagos. Os prófagos podem manter esta relação lisogénica com o hospedeiro (lisogénios), uma vez que conferem imunidade à super-infeção ao lisogénio ou, em condições adequadas, tais como danos no ADN do hospedeiro e abundância de hospedeiro suscetível, os prófagos podem iniciar a indução que conduz ao/iniciar o ciclo lítico (Willey *et al.*, 2008; Yuole, 2014b; Hyman e Abedon, 2015).

**Tabela 2.1: Caraterísticas gerais de alguns tipos de fagos**

| Family | Genome | Morphology | Examples |
|---|---|---|---|
| *Plasmaviridae* | dsDNA | Pleomorphic | |
| *Inoviridae* | ssDNA, circular | Rod-shaped/helical/ Filamentous | M13 |
| *Leviviridae* | ssRNA, linear | Icosahedral | MS2 |
| *Corticoviridae* | dsRNA | Icosahedral | |
| *Microviridae* | ssDNA, circular | Icosahedral | $\phi$X174 |
| *Myoviridae* | dsDNA, linear | Tailed, contractile | Mu, T4 |
| *Siphoviridae* | dsDNA, linear | Tailed, non-contractile, long, flexible or rigid | T1, T5 |
| *Podoviridae* | DsDNA, Linear | Tailed, non-contractile, short | P22, T3 |

Fonte: Ackermann (2006), Orlova (2012), Hyman e Abedon (2015)

Estes tipos de fagos não são adequados para a terapia com fagos, uma vez que podem incorporar patogenicidade ou aumentar a virulência, bem como servir de veículo para a resistência aos antibióticos no hospedeiro através da transdução (Brussow *et al.*, 2004; Hanlon, 2007; Orlova, 2012; Hyman e Abedon, 2015). Em vez disso, são boas ferramentas em biotecnologia, biologia molecular e engenharia genética. Podem ser utilizados para o mapeamento fino de genes como bons transdutores, para o desenvolvimento de séries de expressão genética e como vectores de clonagem (Zinder e Lederberg, 1952; Ikeda e Tomizawa, 1965; Bahador *et al.*, 2007; Hyman e Abedon, 2015).

## 2.5 Ciclo de vida dos bacteriófagos

Tal como a maioria dos vírus, o ciclo de vida dos bacteriófagos tem cinco fases, que incluem a ligação/ adsorção do fago ao hospedeiro, a penetração do fago no hospedeiro, a síntese do genoma viral, a montagem das partículas de fago (para a lítica) e a libertação das partículas de fago.

### 2.5.1 Fixação/Adsorção do fago ao hospedeiro

Este é o primeiro passo no ciclo infecioso da partícula de fago para a célula hospedeira. O fago encontra o seu hospedeiro durante o movimento aleatório e a colisão e liga-se a sítios receptores específicos do hospedeiro, que podem ser qualquer um dos componentes da superfície celular (como proteínas, oligossacáridos, ácido teicnóico, peptidoglicano e lipopolissacárido) (Lenski, 1988), na cápsula celular, flagelos ou pili conjugativos, dependendo do tipo de fago (Willey *et al.*, 2008). A ligação é inicialmente reversível, mas depois torna-se irreversível (Hanlon, 2007; Youle, 2014a; Hyman e Abedon, 2015). Após a ligação mediada pelo recetor ao seu hospedeiro, o fago encontra o seu caminho para a célula utilizando proteínas na sua superfície para se ligar e entrar na célula (Lopez e Arias, 2010). É de notar que a ausência de um recetor específico ou a alteração do recetor (possivelmente por mutação) impossibilita a adsorção do vírus ao hospedeiro, pelo que este não pode infetar o hospedeiro. Outros factores cruciais que contribuem para a adsorção são o ambiente iónico e o pH, pelo que uma concentração desfavorável de sais e um pH desfavorável podem impedir a adsorção. A ligação pode ser o resultado de interações electrostáticas que podem ser influenciadas pelo pH e pela presença de iões como o $Mg^{2+}$ e o $Ca^{2+}$. Na presença de sais, os fagos ligam-se rapidamente às bactérias e não podem ser facilmente separados por centrifugação (Adams, 1959). É após a ligação que ocorre a penetração (Adams, 1959; Willey *et al.*, 2008).

### 2.5.2 Penetração do fago no hospedeiro

Após a interação irreversível, a bainha da cauda contrai-se e as enzimas do fago degradam a parede celular, formando um poro. O tubo da cauda penetra no envelope celular até à membrana celular e o genoma do fago (por vezes acompanhado de proteínas adicionais) é injetado no citoplasma bacteriano onde a replicação é óptima (Adams, 1959; Orlova, 2012; Hyman e Abedon, 2015). Isto acontece deixando o capsídeo fora do hospedeiro (Willey *et al.*, 2009; Yuole, 2014a). A maioria das bases do genoma viral é quimicamente modificada para conferir proteção contra o ataque de enzimas de restrição celular e nuclease (Hanlon, 2007).

### 2.5.3 Síntese do genoma viral

Quando um fago infeta um hospedeiro, expressa determinados genes que podem ser classificados metabolicamente em seis classes principais. Estas incluem os genes envolvidos na assunção da atividade metabólica do hospedeiro, os que estão envolvidos no estabelecimento e manutenção do estado latente (para os fagos lisogénicos), os que estão envolvidos na preparação da célula infetada para a maturação do fago-progenitor, os que expressam a proteína estrutural do fago-vírion e a proteína de montagem do virião, os que processam e empacotam os genomas de fagos recém-replicados em viriões e os que estão envolvidos na libertação de viriões montados do hospedeiro através da lise da célula hospedeira ou na exportação de viriões recém-montados através da membrana celular (Yuole, 2014a; Hyman e Abedon, 2015).

Assim que entra na célula, o fago começa a exprimir os genes precoces que podem interromper a expressão dos genes do hospedeiro e degradar o genoma do hospedeiro (no caso dos fagos virulentos obrigatórios). Os fagos temperados não perturbam completamente as funções da célula hospedeira, uma vez que dependem delas (Willey *et al.*, 2008; Yuole, 2014b; Hyman e Abedon, 2015). O metabolismo da célula hospedeira é redireccionado para a expressão do gene viral e para a produção de fagos (Yuole, 2014a). A RNA polimerase do hospedeiro é usada para sintetizar o mRNA inicial viral que, por sua vez, sintetiza proteínas e enzimas que assumem o metabolismo do hospedeiro. Alguns fagos que codificam a sua própria DNA polimerase sintetizam a enzima juntamente com as proteínas envolvidas no metabolismo dos ácidos nucleicos (Hyman e Abedon, 2015). A ação seguinte é a expressão dos genes do meio que inicia a replicação do genoma do fago e outras funções (Hyman e Abedon, 2015).

No caso dos fagos temperados, são produzidas proteínas que provocam a integração do genoma do fago no genoma do hospedeiro, o que estabiliza o genoma do fago numa forma epissomal (plasmídeo). São igualmente produzidas proteínas que impedem a expressão dos restantes genes do fago por inibição ou terminação até que este esteja pronto para iniciar o ciclo lítico, altura em que expressará os genes líticos e bloqueará a expressão dos genes para a lisogenia (Hyman e Abedon, 2015).

Durante a replicação, o ADN viral é sintetizado e a sua replicação é iniciada a partir de várias origens de replicação e prossegue bidireccionalmente a partir de cada uma delas (Willey *et al.*, 2008). Nos fagos temperados, o genoma integrado está a ser replicado à medida que o genoma bacteriano é replicado e é herdado pelas novas bactérias filhas durante gerações até uma determinada fase em que as condições o justifiquem, os genes do fago reverterão para o ciclo lítico (Willey *et al.*, 2008; Orlova, 2012). O processo de transcrição, tradução e replicação produz cópias do genoma viral em cópias de 25, 50 ou centenas, que trocam segmentos do genoma entre si ou com o cromossoma do hospedeiro através de recombinação (Yuole, 2014a).

### 2.5.4 Montagem de partículas de fago

Imediatamente após a replicação do ADN, são expressos os genes tardios, que dependem de funções codificadas pelo fago para a sua expressão, em comparação com os genes precoces. São responsáveis pela produção dos viriões de fago, pela maturação do virião, pela colocação de genomas de fago recentemente replicados nas partículas de fago, pela lise e libertação das células (Willey *et al.*, 2009; Hyman e Abedon, 2015). As proteínas são montadas em procapsídeos e o genoma é incorporado em cada um deles. Este processo requer muita energia sob a forma de ATP, que é fornecida pela atividade metabólica do hospedeiro. A cauda também é montada de forma autónoma. A cauda e as fibras da cauda são adicionadas espontaneamente após a conclusão da cabeça (Willey *et al.*, 2009; Yuole, 2014a).

### 2.5.5 Libertação das partículas de fago

Os viriões maduros acumulam-se até a infeção terminar com a lise da célula hospedeira, que é deliberadamente cronometrada e executada pelo fago (Yuole, 2014a). Com a ajuda de enzimas produzidas anteriormente para atacar o peptidoglicano da parede celular do hospedeiro e criar orifícios na membrana do hospedeiro, os fagos lisam a célula hospedeira no final da fase intracelular e mais de 100 viriões saem da célula lisada, que está agora completamente destruída. Os viriões que escapam partem em busca de um novo hospedeiro para infetar, repetindo assim o ciclo mais uma vez (Willey *et al.*, 2008; Willey *et al.*, 2009; Yuole, 2014a). A lise da célula hospedeira pode ser induzida a partir do exterior antes do fim do período latente dos fagos através da adição de produtos químicos como o cianeto (Cohen, 1949) ou a proflavina (Foster, 1948), doses maciças de fagos (Delbruck, 1940), vibração sónica (Anderson e Doermann, 1952) e adição de enzimas como as lisozimas (Lwoff *et al.*, 1950).

## 2.6    Aplicações potenciais dos bacteriófagos

Desde a sua descoberta e posterior interesse renovado, os bacteriófagos têm sido objeto de investigação em diferentes domínios, com vista à sua utilização no controlo de bactérias e outras utilizações. Alguns dos domínios em que os bacteriófagos já estão a ser utilizados ou têm potencial incluem a fagoterapia (medicina humana e veterinária), a agricultura e a aquicultura, o ensaio e tratamento de águas e esgotos, a remoção de biofilmes, a biologia molecular e a engenharia genética e a segurança alimentar.

### 2.6.1    Terapia fágica em medicina humana e veterinária

A fagoterapia é a utilização de vírus bacterianos líticos ou virulentos (bacteriófagos) para o tratamento de infecções bacterianas, especialmente as causadas por bactérias resistentes a antibióticos (Sandeep, 2006; Borysowski e Gorski, 2008; Chhibber e Kumari, 2012). Tem sido utilizada no tratamento de infecções humanas e animais como complemento ou alternativa à terapia antibiótica (Alisky *et al.*, 1998; Matsuzaki *et al.*, 2005; Kysela e Turner, 2007; Curtin e Donlan, 2006). Também tem sido utilizada desde o início do estudo dos fagos e manteve-se em uso na Europa de Leste e na antiga União Soviética, mas foi abandonada pela medicina ocidental devido a algumas razões, especialmente a descoberta dos antibióticos. O aparecimento de resistência aos antibióticos por parte das bactérias, especialmente as mais patogénicas, como *Vibrio cholera*, *E. coli* 0157:H7 e *Salmonella enterica*, levou à procura de agentes antibacterianos alternativos ou complementares, um dos quais é a utilização de bacteriófagos como agente de biocontrolo (Willey *et al.*, 2008; Jassim e Limoges, 2014; Hyman e Abedon, 2015). Desde então, o interesse pelos fagos foi renovado, tendo sido realizados estudos e ensaios clínicos sobre a utilização e a eficácia dos bacteriófagos como arma antibacteriana natural e fiável. Os sucessos registados prometem um grande futuro no controlo das bactérias patogénicas. A aplicação terapêutica de bacteriófagos no tratamento de infecções humanas dos olhos, ouvidos e nariz, infecções de feridas e gastroenterite está em curso há décadas no Instituto Eliava em Tbilisi,

Geórgia (Kutter *et al.*, 2010; Abedon *et al.*, 2011a). Outros ensaios clínicos incluem a utilização de preparações de fagos para tratar a otite crónica causada por *Pseudomonas aeruginosa* resistente a antibióticos em seres humanos (Wright *et al.*, 2009) e em cães (Hawkins *et al.*, 2010), tratar a colibacilose em aves de capoeira (Oliveira *et al*, 2010), diminuir as concentrações de Campylobacter e Salmonella em aves de capoeira (Fiorentin *et al.*, 2005; Atterbury *et al.*, 2003; Kittler *et al.*, 2013), tratar infecções urinárias em monoterapia e/ou em combinação com antibióticos (Boratynska *et al*, 1994; Perepanova *et al.*, 1995), para tratar enterite em vitelos, leitões e cordeiros (Smith e Huggins, 1983), tratar infecções bacterianas supurativas e úlceras por *E.coli*, *Proteus*, *Pseudomonas*, *Staphylococcus* e *Streptococcus* (Lazareva *et al*, 2001; Markoishvili *et al.*, 2002) e também trata a podridão mole da batata (Adriaenssens *et al.*, 2012) e a murcha bacteriana do tomateiro em plantas (Iriarte *et al.*, 2012; Bae *et al.*, 2012). A aplicação veterinária de fagos trata infecções em animais e também impede o transporte/transmissão de agentes patogénicos zoonóticos (O'Flaherty *et al.*, 2009; Garcia *et al.*, 2008).

**2.6.2   Agricultura e aquicultura**

Vários fagos foram isolados e utilizados para detetar/diagnosticar agentes patogénicos em ecossistemas agrícolas e em culturas em crescimento. Também têm sido utilizados para erradicar agentes patogénicos de solos contaminados ou para prevenir a infeção de culturas, especialmente as economicamente importantes. Como agentes de controlo biológico, podem também evitar problemas associados à utilização de agentes químicos contra agentes patogénicos, como a poluição ambiental, a perturbação do ecossistema e os resíduos químicos nas culturas (Yamada, 2012). Os fagos têm sido utilizados como biocontrolo contra agentes etiológicos de doenças das plantas, como a murchidão bacteriana por *Ralstonia solanacearum* no tabaco (Tanaka *et al.*, 1990; Toyoda *et al.*, 1991) e no tomate (Iriarte *et al.*, 2012; Bae *et al*, 2012), a podridão mole da batata por *Dickeya dianthicola* (Adriaenssens *et al.*, 2012), o míldio da pera e da maçã por *Erwinia amylovora* (Schnabel *et al.*, 1998; Schnabel e Jones, 2001; Gill *et al.*, 2003), o míldio da folha na cebola e a mancha negra no pimento e nos citrinos (Frampton *et al.*, 2012).

Os desafios da utilização de fagos neste contexto são a rápida inativação das partículas de fagos por radiação UV-A e UV-B a 280-400nm, temperatura elevada, pH elevado e baixo, condições de oxidação, lavagem com água, localização e acessibilidade das bactérias na planta, nível de humidade na folha e no ambiente e presença de outros produtos químicos que podem comprometer a viabilidade dos fagos (Ignoffo e Garcia, 1992; Gill e Abedon, 2003; Iriarte *et al.*, 2007). A fim de reduzir estes desafios, a hora de aplicação deve ser tida em consideração, de modo a que seja feita à noite, quando será mais eficaz (Keary *et al.*, 2013), as propriedades e o comportamento de cada sistema fago-bactéria devem ser compreendidos para otimizar o biocontrolo fágico (Nagai, 2012), a aplicação de fagos deve ser feita diretamente nos tecidos aéreos da planta (filosfera) ou na rizosfera para evitar a inativação destrutiva e oxidativa da luz solar UV (Jones *et al.*, 2007). Os fagos também podem ser utilizados para controlar o nível de concorrência de bactérias benéficas como as estirpes fixadoras de azoto na horticultura (Novikova e Simarov, 1990). Embora os fagos tenham as vantagens de uma aplicação relativamente fácil, de baixo custo, de não terem efeitos negativos nos sistemas ecológicos e de serem seguros para os seres humanos, os animais e as plantas, o seu objetivo como agente de biocontrolo não é uma panaceia contra os agentes patogénicos das plantas (Nagai, 2012). Os fagos têm sido estudados na aquacultura e o seu potencial não pode ser subestimado. Têm sido utilizados em diferentes investigações para controlar ou prevenir infecções causadas por *Lactococcus garviae* e *Pseudomonas plcoglossicida*, administrando-os por via i.p. ou oral como alimentos impregnados de fagos (Park e

Nakai, 2003; Park *et al.*, 2000), algumas estirpes de espécies de *Vibrio*, especialmente *Vibrio anguillarum*, que causam vibriose em muitas espécies de peixes e invertebrados (Tan *et al.*, 2014), *Aeromonas hydrophila* e *Edwardsiella tarda* em ell (Hsu *et al.*, 2000) e *Vibrio vulnificus* que infectam e contaminam peixes e mariscos (Cerveny *et al.*, 2002). A utilização de fagos em plantas, alimentos para animais e peixes em vez de antibióticos, cuja utilização como profilaxia e potenciador de crescimento foi proibida pela FDA dos EUA (Inal, 2003), pode prevenir ou tratar infecções ou doenças nas plantas, peixes e animais superiores, bem como prevenir a transmissão de doenças zoonóticas e bactérias resistentes a antibióticos aos seres humanos que os consomem

(Cerveny *et al.*, 2002; Inal, 2003; Kropinski, 2006; O' Flaherty *et al.*, 2009; Tan *et al.*, 2014).

Pode também reduzir drasticamente as perdas económicas associadas à perda de culturas antes e depois da colheita devido a infecções bacterianas e à perda de animais e peixes devido a doenças bacterianas, devido à sua capacidade de prevenir/reduzir a taxa de morbilidade e mortalidade (Pyle, 1926; Barrow *et al.*, 1998; Park e Nakai, 2003; Vinod *et al.*, 2006; Imbeault *et al.*, 2006; Castillo *et al.*, 2012; Tan *et al.*, 2014).

### 2.6.3 Distribuição e tratamento de água e de águas residuais

A água que é considerada bacteriologicamente segura pode não ser totalmente segura devido ao facto de a deteção de coliformes não confirmar a presença de vírus contaminantes da água, como os enterovírus (Geldenhuys e Pretorius, 1989; Merrett *et al.*, 1989; Havelaar *et al.*, 1993). A capacidade de uma classe de bacteriófagos conhecidos como colifagos (fagos de coliformes), ao contrário dos indicadores bacterianos, de resistir ao stress ambiental e à cloração como os enterovírus, de serem removidos a taxas comparáveis às dos enterovírus durante o processo de tratamento e de apresentarem uma variação sazonal semelhante à dos enterovírus, torna-os bons candidatos a indicadores de enterovírus (Kott *et al*, 1974; Berg, 1974; Simkova e Cervenka, 1981; Settler, 1984; Duran *et al.*, 2003; Lucena *et al.*, 2003; Langlet *et al.*, 2009). Por conseguinte, podem ser bons indicadores da qualidade microbiológica da água e da poluição da água (Guelin, 1948; Hilton e Stotzky, 1973; Borrego *et al.*, 1987; Hyman e Abedon, 2015), bem como possíveis modelos para enterovírus durante o tratamento da água potável e das águas residuais (Hilton e Stotky, 1973; Kott *et al.*, 1974; Scarpino, 1978; IAWPRC, 1991; Shirasaki *et al.*, 2009a e b). Podem também servir como indicadores virais de contaminação fecal, o que pode fornecer informações específicas sobre a fonte de água ambiental afetada (Cole *et al.*, 2003; Lucena e Jofre, 2010) e de redução de vírus no tratamento de resíduos (Sharon *et al.*, 2006). Devido à sua especificidade em relação ao hospedeiro, os fagos podem ser utilizados no rastreio da fonte microbiana ou na identificação da fonte de contaminação fecal da água, especialmente da água ambiental, através de métodos genotípicos, fenotípicos e químicos (Hsu *et al.*, 1996; Simpson *et al.*, 2002; Jofre *et al.*, 2011). A identificação da fonte determina as soluções a aplicar. Este rastreio da fonte microbiana é aplicado em águas de recreio, abastecimento público de água, proteção de aquíferos e propagação de peixes, mariscos e vida selvagem (Simpson *et al.*, 2002). O tratamento com fagos não é apenas visto como um indicador, mas também tem potencial para controlar problemas do processo de águas residuais, como a desidratação e digestibilidade das lamas, bactérias patogénicas, formação de espuma em instalações de lamas activadas e para reduzir a competição entre bactérias incómodas e a população microbiana de interesse (Withey *et al.*, 2005).

### 2.6.4 Remoção de biofilme

Os biofilmes são a acumulação de células microbianas e dos seus produtos excretados, como os exopolissacáridos, ligados a superfícies vivas ou inertes. Podem revestir diferentes superfícies, como alimentos, equipamento de processamento farmacêutico e ambiental, cateteres médicos, implantes, shunts e próteses (O' Flaherty *et al.*, 2009). A presença destes biofilmes contamina estas superfícies, resultando em subsequentes infecções e mortalidade associadas aos cuidados de saúde (Donlan e Costerton, 2002). A sua remoção é um grande desafio, uma vez que as bactérias incorporadas na sua matriz são menos acessíveis aos agentes antimicrobianos (O' Flaherty *et al.*, 2009). Diferentes investigações e revisões, como as de Bayer *et al.* (1979), Doolittle *et al.* (1995 e 1996), Lu e Collins (2007), Cerca *et al.* (2007), Donlan (2009) e Brussow (2012), mostraram provas do potencial dos fagos para serem utilizados no controlo de biofilmes, especialmente se forem concebidos para exprimir determinados genes que penetram nos biofilmes e lisam as bactérias ou enfraquecem os factores de adesão nas bactérias e ajudam à formação de biofilmes. Foram utilizados isoladamente (Doolittle, 1995; Sillankorva *et al.*, 2004; Cerca *et al.*, 2007) ou em combinação com outros desinfectantes/desinfectantes anti-biofilme, como o composto de amónio quaternário (Roy *et al.*, 1993), o produto de limpeza alcalino e o hipoclorito (Sharma *et al.*, 2005), que produziram um efeito sinérgico na redução drástica da contagem de células bacterianas do biofilme.

## 2.6.5 Biologia molecular e engenharia genética

Os bacteriófagos, especialmente os de cauda, não só são utilizados como sistemas-modelo para compreender as caraterísticas gerais da replicação dos vírus e os processos celulares vitais, como também são utilizados como instrumentos convenientes na genética microbiana e na engenharia genética (Cairns *et al.*, 1966). Também facilitam a compreensão dos vírus animais. Os seus sinais de empacotamento, variedade de enzimas e promotores e terminadores estão a ser utilizados em laboratórios de biologia molecular (Roberts *et al.*, 2003). Alguns foram utilizados para integrar ADN estranho em células de mamíferos (Thyagarajan *et al.*, 2001; Hollis *et al.*, 2003; Chalberg *et al.*, 2005) e *de Drosophila* (Groth *et al.*, 2004) para produzir animais transgénicos ou curar defeitos bioquímicos (Groth e Calos, 2004; Ginsburg e Calos, 2005; Held *et al.*, 2005). Têm sido utilizados como transdutores para transportar genes clonados e para a recombinação genética (Hyman e Abedon, 2010). Os fagos têm sido utilizados na exposição de fagos para exprimir péptidos e proteínas, tal como na química normal das proteínas, tendo-se verificado que a determinação da sequência da inserção do péptido por sequenciação do ADN é mais rápida e menos dispendiosa (Winter, 1994; O' Neil *et al.*, 1994; Makowski, 1994; Sternberg e Hoess, 1995; Bradbury e Cattaneo, 1995; Ren *et al.*, 1996; Sidhu *et al.*, 2003; Takakusagi *et al.*, 2005; Kropinski, 2006). Têm sido utilizados na tipagem de fagos através da utilização de um sistema de multiplicação de fagos por replicação intracelular de fagos e consequente lise da leitura da bactéria hospedeira para aumentar o fago livre, que é facilmente medido (Badrinath *et al.*, 2004; Isaacs *et al*, 2005) e fusões de fageluciferase, em que os fagos com uma vasta gama de hospedeiros são marcados com cassetes de luciferase que, quando expressas, emitem luz visível que é medida (Oda *et al.*, 2004; Sasahara *et al.*, 2004) para identificar a presença de agentes patogénicos específicos em alimentos e produtos alimentares.

## 2.6.6 Segurança alimentar

No sector alimentar, os fagos têm o potencial de preservar, controlar e descontaminar os alimentos contra agentes patogénicos de origem alimentar em frutas frescas, legumes, alimentos prontos a consumir como leite, peixe, carne e seus produtos que não são submetidos a qualquer processamento ou cozedura antes do consumo (Goodridge, 2004; Sulakvelidze e Barrow, 2005; Garcia *et al.*, 2008; O'Flaherty *et al.*, 2009). Há muitos estudos em que a utilização de fagos como biocontrolo contra agentes patogénicos foi utilizada para prolongar o prazo de validade e/ou a qualidade de conservação dos alimentos (Bahador *et al.*, 2007; O'Flaherty *et al.*, 2009). Estes estudos, entre muitos outros, incluem Greer (1986), que demonstrou que os fagos se multiplicavam na superfície dos bifes e aumentavam significativamente o seu tempo de vida útil, sugerindo que se tratava de um bom potencial para o controlo biológico da deterioração da carne de bovino; ele e o seu colega estudaram a baixa temperatura ($2^0$C) o biocontrolo de fagos contra *Brochotrix thermospactos* na carne de porco e que os fagos eram uma boa abordagem para prolongar a qualidade de conservação da carne refrigerada (Greer e Dilts, 2002), Wall *et al.* (2010) que testaram a eficácia de um cocktail de fagos para tratar suínos infectados experimentalmente *com S. Typhimurium* antes do processamento, de modo a reduzir a contaminação da carcaça, e verificaram que a redução da colonização por *Salmonella* foi de até 2-3 Log10, Whichard *et al.* (2003) registaram uma redução de até 2,1 Log10 nos níveis de *Salmonella* em salsichas de frango, Leverentz *et al.* (2001, 2003, 2004) mostraram que os fagos controlavam uma variedade de agentes patogénicos bacterianos em melões e maçãs recém-cortados. Foi em resultado destas e de outras investigações inovadoras que se verificou um avanço no biocontrolo relacionado com os fagos. Agências internacionais, como a FDA, aprovaram em 2006 dois cocktails de fagos - Listshield (produzido pela intralytix) e Listex (produzido pela MICROES, anteriormente EBI Food Safety) - para a prevenção da contaminação por *Listeria* em alimentos prontos a consumir (Fortuna *et al.*, 2008; O'Flaherty *et al*, 2009; Keary *et al.*, 2013), a Autoridade Europeia para a Segurança dos Alimentos (EFSA) aprovou, em 2009, preparações relacionadas com fagos como aditivos para alimentos biológicos (Keary *et al.*, 2013) e a Food Standards Australia and New Zealand (FSANZ) aprovou, em 2012, os fagos como auxiliares de processamento de alimentos (Keary *et al.*, 2013).

## 2.7 Empresas baseadas em bacteriófagos

Embora a utilização de bacteriófagos como agente antibacteriano biológico tenha atraído pela primeira vez a atenção do mundo e a sua principal motivação tenha sido o tratamento ou a prevenção de infecções humanas, a sua aplicação noutros domínios, como a veterinária, a agricultura e a microbiologia alimentar, foi mais cedo aprovada para utilização a nível mundial (Jassim e Limoges, 2014). Os seus requisitos regulamentares continuam a ser um desafio (Potera, 2013). Por conseguinte, a sua utilização no tratamento de infecções humanas pode não se estender a infecções potencialmente fatais (Jassim e Limoges, 2014). Os ensaios clínicos sobre a aplicação na medicina humana ainda estão em curso, mas a utilização e a comercialização de fagos noutros domínios foram aprovadas e estão a ser utilizadas para controlar os agentes patogénicos bacterianos. A Tabela 2.2 mostra os exemplos de algumas empresas e institutos aprovados que se dedicam à produção e comercialização de fagos e preparações relacionadas com fagos para o biocontrolo de algumas bactérias patogénicas.

### 2.8 Espécies *de Salmonella*

*A Salmonella*, cujo nome deriva do nome do bacteriologista veterinário Daniel. E. Salmon, é um género de microrganismo que pertence à família *Enterobacteriaceae* (Willey *et al.*, 2008; Gast, 2008). É constituído por duas espécies: *Salmonella enterica* e *Salmonella bongori* (anteriormente designada *S. enterica* subsp. *bongori)*. A S. enterica está dividida em seis subespécies: *S. enterica* subsp. *enterica*, *S. enterica* subsp. *salamae*, *S. enterica* subsp. *arizonae*, *S. enterica* subsp. *diarizonae*, *S. enterica* subsp. *houtenae* e *S. enterica* subsp. *Indica* (Popoff e Minor,

## Quadro 2.2: Preparações comerciais de fagos aprovadas para utilização

| Company | Phage Preparation | Targeted bacteria | Range of products | Year | Approved by | Reference |
|---|---|---|---|---|---|---|
| Intralytix Inc, Baltimore, MD, USA | LMP-102™ | *L. monocytoge nes* | Meat, poultry | 2007 | FDA | McVay *et al.*, 2007 |
| MICROES, Netherlands | LISTEX™ P100 | *L. monocytoge nes* | All food products | 2007 | FDA; USDA | Gorski *et al.*, 2007 |
| OmniLytics, Salt LakeCity, UT, USAss | BacWash | *Salmonella* | Hides of livestock | 2007 | USDA FSIS | Verbeken *et al.*, 2007 |
| OmniLytics, Salt LakeCity, UT, USA | AgriPhage™ | *Xanthomon as capestris, Pseudomon as syringae* | Tomato, Pepper | 2006 | FDA; USDA FSIS | Fortuna *et al.*, 2008; Golkar, *et al.*, 2014. |

Chave:

FSIS; Serviço de Inspeção e Segurança Alimentar

FDA; Food and Drug Administration (Administração de Alimentos e Medicamentos)

USDA; Departamento de Agricultura dos Estados Unidos

2001; Hendriksen, 2003; Grimont e Weill, 2007). As estirpes de Salmonella são classificadas

em serovares com base na extensa diversidade de antigénios de lipopolissacarídeos (LPS)

(O) e antigénios de proteínas flagelares (H), de acordo com o esquema de Kauffmann-White; atualmente são reconhecidos mais de 2 500 serovares (Kayser *et al.*, 2005; Grimont e Weill, 2007; Freitas *et al.*, 2010). Os serovares que estão normalmente associados a causar doenças nos seres humanos e nos animais de alimentação pertencem à subespécie *enterica* (Irving, 2005; CiWF e WSPA, 2013) e as estirpes mais importantes de origem alimentar em termos do número de casos e da gravidade da infeção são a *Salmonella* Typhimurium e *a Salmonella* Enteritidis (Braden, 2006; Fernandes *et al.*, 2006; CiWF e WSPA, 2013).

*As salmonelas* são anaeróbios facultativos, não fermentam a lactose, são bastonetes Gram-negativos, não formam esporos e têm um tamanho que varia entre 0,4-1,5 e 2-5 µm. Exceto para S. pullorum e S. Gallinarum, são móveis com flagelos peritríquios. Fermentam D-glucose com a produção de ácido e geralmente gás. Fermentam também L-arabinose, maltose, D-manitol, D-manose, L-ramnose, D-sorbitol (exceto ssp VI), trealose, D-xilose e dulcitol. São negativas para a oxidase, positivas para a catalase, negativas para o indol e Voges Proskauer (VP), positivas para o vermelho de metilo e citrato de Simmons, produtoras de $H_2S$ e negativas para a ureia (Hendriksen, 2003; Yousef e Carlstrom, 2003; Montville e Matthews, 2008; Willey *et al.*, 2008). As salmonelas não são fastidiosas, pois podem multiplicar-se em várias condições ambientais fora dos hospedeiros vivos. Não necessitam de NaCl para crescer, mas podem crescer na presença de 0,4% - 4% de NaCl. A gama de temperaturas em que a maioria dos serotipos *de Salmonella* cresce situa-se entre 5°C e 47°C, com um ótimo a 35°C - 37°C, embora alguns possam crescer a temperaturas tão baixas como 2°C a 4°C ou tão altas como 54°C (Gray e Fedorka-Cray, 2002). São sensíveis ao calor e são frequentemente mortas a uma temperatura de 70°C ou superior. As salmonelas crescem num intervalo de pH de 4 a 9, sendo o ótimo entre 6,5 e 7,5. Exigem uma atividade da água (aw) elevada, entre 0,99 e 0,94 (aw da água pura = 1,0), mas podem sobreviver com aw inferior a 0,2, como nos alimentos secos. A inibição completa do crescimento ocorre a temperaturas inferiores a 7°C, pH inferior a 3,8 ou atividade da água inferior a 0,94 (Hanes, 2003; Bhunia, 2008).

As salmonelas encontram-se normalmente no trato intestinal das aves e de outros animais. Podem também ser encontradas em efluentes agrícolas, esgotos humanos e dentro/sobre qualquer material, como frutas e legumes, sujeito a contaminação fecal. Como organismos zoonóticos, são adquiridos pelos seres humanos através de alimentos e produtos alimentares contaminados, tais como leite, produtos lácteos, carne de porco, produtos de carne de porco, carne de vaca, produtos de carne de vaca, aves de capoeira, ovos, produtos de ovos ou água (Willey *et al.*, 2008; Freitas *et al.*, 2010; EFSA, 2010; CiWF e WSPA, 2013). Podem causar infeção tanto em humanos como em animais - sendo os jovens e as grávidas mais susceptíveis. Alguns animais, especialmente suínos e aves de capoeira, podem estar infectados, mas não apresentam doença clínica, pelo que se tornam factores importantes na propagação da infeção entre rebanhos e manadas, bem como na intoxicação alimentar humana quando entram na cadeia alimentar (Wray e Wray, 2000; Freitas *et al.*, 2010). Algumas doenças causadas por *Salmonella* incluem:

### 2.8.1   Febre entérica

As febres entéricas são febres causadas por *S.* Typhi e *S.* Paratyphi A, B ou C, com bacteriémia denominada Tifoide e Paratifoide, respetivamente. Normalmente, são encontradas apenas em seres humanos (Cheesbrough, 2006; Willey *et al.*, 2008). São adquiridas através da ingestão de alimentos ou de água contaminada por fezes de seres humanos infectados ou através do contacto pessoa a pessoa, especialmente onde as condições sanitárias são inadequadas e o acesso a água limpa é limitado. A S. Typhi é principalmente de origem hídrica e a S. Paratyphi é principalmente de origem alimentar (Parry, 2006; Cheesbrough, 2006; Willey *et al.*, 2008). O período de incubação da Typhi no intestino delgado é de cerca de 10 a 14 dias. A bactéria coloniza o intestino delgado, penetra no epitélio e dissemina-se para o tecido linfoide, sangue, fígado e vesícula biliar. Os sintomas incluem febre alta persistente com pulsação baixa, dores de cabeça fortes, dores abdominais, anorexia e mal-estar, que duram várias semanas. As bactérias voltam a infetar o trato gastrointestinal, produzindo dores abdominais, diarreia, inflamação e ulceração, epistaxe, hemorragia e perfuração intestinal, toxemia e insuficiência renal, que podem ocorrer em casos de febre tifoide tardia não tratada (e que é frequentemente fatal). Após cerca de 3 meses, a maioria dos indivíduos deixa de libertar bactérias nas fezes. No entanto, alguns indivíduos continuam a libertar S. Typhi durante períodos prolongados, mas não apresentam sintomas. Nestes portadores, as bactérias continuam a desenvolver-se na vesícula biliar e chegam ao intestino através do ducto biliar (Cheesbrough, 2006; Willey *et al.*, 2008). A febre paratifoide é uma forma mais ligeira da febre com uma taxa de mortalidade mais baixa (Cheesbrough, 2006; Willey *et al.*, 2008; Pui *et al.*, 2011a).

### 2.8.2 Enterocolite ou gastroenterite *por Salmonella*

Esta doença é causada principalmente por *S.* Typhimurium e *S.* Enteritidis, especialmente nos países em desenvolvimento. As fontes comuns de infeção são as aves de capoeira, a carne e os produtos à base de carne, os ovos e os ovoprodutos. Os sintomas como diarreia, vómitos, febre e dor abdominal ocorrem 12 a 36 horas após a ingestão de alimentos contaminados. Nas infecções agudas, podem estar presentes sangue e muco nas fezes. Os bebés, os idosos, as pessoas que já se encontram em mau estado de saúde, as pessoas com colite ulcerosa, com doenças malignas e as pessoas imunodeprimidas correm um maior risco de desenvolver uma doença grave (Cheesbrough, 2006).

### 2.8.3 Outras salmoneloses não tifoidais em seres humanos

É causada por outros serovares de *Salmonella* que não são tifóides e que são importantes agentes patogénicos alimentares. Pode tratar-se de gastroenterite, bacteriemia e subsequente infeção focal. A salmonelose é especialmente problemática numa grande variedade de

indivíduos imunocomprometidos, incluindo (mas não se limitando a) doentes com malignidade, vírus da imunodeficiência humana ou diabetes, e aqueles que recebem terapia com corticosteróides ou tratamento com outros agentes de imunoterapia. A infeção endovascular e os abcessos ósseos profundos ou viscerais são complicações importantes que podem ser difíceis de tratar (Hohmann, 2001).

### 2.8.4 Doença de Pullorum e tifo aviário nas aves

Estas duas doenças têm muitas semelhanças. A doença de Pullorum é causada por

*Salmonella* Pullorum, enquanto o tifo aviário é causado por *Salmonella* Gallinarum (Shivaprasad e Barrow, 2008). Ambas são doenças septicémicas que afectam principalmente galinhas e perus, mas outras aves como codornizes, faisões, patos, pavões e pintadas também são susceptíveis (Shivaprasad e Barrow, 2008; CFSPH, 2009). Podem ser transmitidas horizontalmente ou verticalmente. A transmissão horizontal ocorre quando as aves as ingerem por via respiratória e oral, a partir de um ambiente contaminado ou durante o canibalismo, através de infecções de feridas e de fómites, incluindo alimentos, água e camas contaminados, uma vez que as bactérias podem sobreviver num ambiente favorável durante muitos meses e até vários anos. São transmitidas verticalmente quando as aves que são portadoras crónicas passam a bactéria à sua descendência nos ovos por infeção transovariana (Beaudette, 1925; Beach e Davis, 1927; Hinshaw, 1930; Shivaprasad e Barrow, 2008; CFSPH, 2009). A doença ou infeção é caracterizada por aves moribundas ou mortas imediatamente ou pouco tempo após a eclosão, sonolência, fraqueza, diminuição do apetite, crescimento deficiente ou retardado, respiração ofegante ou difícil, cegueira e claudicação nos pintos (Beaudette, 1930; Evans *et al*, 1955; Johnson *et al.*, 1992; Mayahi, 1995; Shivaprasad e Barrow, 2008) ou queda súbita no consumo de ração, penas eriçadas e pêlos pálidos, queda na produção de ovos, diminuição da fertilidade, diminuição da eclodibilidade, anorexia, diarreia, aumento da temperatura, desidratação e, por vezes, morte em pintos em crescimento e

aves adultas. A mortalidade é mais elevada no primeiro surto, seguida de perdas menos graves em

recorrência intermitente (Hinshaw *et al.*, 1926; Erbeck *et al.*, 1993; Shivaprasad e Barrow, 2008).

### 2.8.5 Salmonelose noutros animais

A natureza e a gravidade das infecções por Salmonella em diferentes espécies animais varia enormemente e é influenciada por muitos factores, como o serovar da Salmonella infetante, a virulência da estirpe, a dose infetante, a espécie animal hospedeira, a idade e o estado imunitário do hospedeiro e a região geográfica (Wallis, 2006). Por exemplo, os serovares associados à salmonelose em bovinos são geralmente os serovares Dublin e Typhimurium, a via de infeção é geralmente oral, respiratória e conjuntival e, em termos de estado imunitário, os vitelos privados de colostro são mais susceptíveis à infeção. Do mesmo modo, nos suínos, as salmoneloses típicas são a septicemia causada por serovares como Choleraesuis, que causam doença tanto em adultos como em jovens, e a enterocolite causada por serovares como Typhimurium, que causam doença em suínos com idades compreendidas entre as 6 e as 12 semanas, mas raramente em adultos (Wallis, 2006). A salmonelose nestes animais é geralmente caracterizada por pirexia, embotamento, anorexia, diarreia com sangue, muco ou mucosa intestinal necrótica, septicemia, pneumonia, aborto em animais prenhes, hepatomegalia, temperatura elevada e mortalidade elevada (Wallis, 2006).

**2.9    Surtos de *salmonelas* e impactos económicos**

*A Salmonella*, enquanto agente patogénico de origem alimentar, tem uma importância global. Registam-se 16 milhões de casos anuais de febre tifoide (Pui *et al.*, 2011a). A salmonelose é a doença de origem alimentar mais importante do ponto de vista económico e a gastroenterite aguda causada por *Salmonella* spp. continua a ser um grande problema de saúde pública a nível mundial, com uma incidência anual de 1,3 mil milhões de casos e 3 milhões de mortes (Pang *et al.*, 1995; Thong *et al.*, 1998; Pui *et*

*al.*, 2011a). As salmonelas não tifoidais em África são a causa mais comum de infecções da corrente sanguínea em crianças com menos de cinco anos (Graham *et al.*, 2000). A meningite causada por salmonelas não tifóides é pouco frequente em países economicamente desenvolvidos (Saphra e Winter, 1957), mas é mais frequente em países tropicais, especialmente em crianças com menos de seis meses, e está associada a taxas de mortalidade mais elevadas do que a meningite causada por outras bactérias (Barclay,

1971; Graham *et al.*, 2000; Molyneux *et al.*, 2000; Sirinavin *et al.*, 2001). *A Salmonella* está entre os agentes patogénicos de origem alimentar mais frequentemente isolados associados a frutos e vegetais frescos. Recentemente, a incidência de surtos de origem alimentar causados pela contaminação de frutas e legumes frescos aumentou e tornou-se uma grande preocupação nos países industrializados. Os surtos de salmonelose têm sido associados a uma grande variedade de frutas e legumes frescos, incluindo maçã, melão, rebentos de alfafa, manga, alface, coentros, sumo de laranja não pasteurizado, tomate, melão, aipo e salsa (Pui *et al.*, 2011b). Outros veículos de *Salmonella* que resultaram em surtos incluem ovos com casca, manteiga de amendoim e salada mista (D'Aoust e Maurer, 2007; Montville e Matthews, 2008).

## 2.10   Antibióticos

Os antibióticos são agentes quimioterapêuticos naturais ou sintetizados de baixo peso molecular, que são metabolitos microbianos ou seus derivados que podem matar (antibióticos "cidais") microrganismos susceptíveis ou inibir (antibióticos "estáticos") o seu crescimento (Willey *et al.*, 2008; Masurekar, 2009; Safe food, 2010). São utilizados para tratar ou prevenir doenças infecciosas em animais, seres humanos e plantas. Idealmente, os agentes quimioterapêuticos utilizados no tratamento de doenças infecciosas destroem os microrganismos patogénicos ou inibem o seu crescimento em concentrações suficientemente baixas para evitar danos indesejáveis no hospedeiro (Willey *et al.*, 2008; Safe food, 2010). A descoberta dos antibióticos começou com a descoberta da penicilina, que foi originalmente descoberta em 1896 por um jovem de 21 anos

até Estudante de medicina francês chamado Ernest Duchesne. O seu trabalho foi esquecido até

Alexander Fleming redescobriu acidentalmente o antibiótico em setembro de 1928, quando se apercebeu da atividade de uma substância produzida por um bolor - *Penicillium notatum* - cujos esporos entraram acidentalmente numa placa de Petri com

*Staphylococcus* que ele tinha deixado antes de ir de férias no fim de semana. Chamou Pennicilina à substância ativa difusível que pode matar várias bactérias patogénicas (Willey *et al.*, 2008; Masurekar, 2009). Desde então, a procura de outros antibióticos foi estimulada e o desenvolvimento de novos e mais poderosos fármacos revolucionou o mundo da medicina, aliviou o sofrimento humano, salvou inúmeras vidas e ajudou a investigação microbiológica útil (Willey *et al.*, 2008; Masurekar, 2009; Davies e Davies, 2010).

Os antibióticos disponíveis podem ser classificados como produtos naturais, produtos naturais quimicamente modificados (também designados por antibióticos semi-sintéticos) e os obtidos por síntese química total. A maioria são produtos naturais ou compostos semi-sintéticos deles derivados. Por conseguinte, os microrganismos continuam a ser atualmente o principal foco da procura de novos antibióticos (Masurekar, 2009; Safe food, 2010).

## 2.11 Classes de antibióticos e respetivo modo de ação

### 2.11.1 Inibidores da síntese da parede celular

Os antibióticos que interferem com a síntese da parede celular bacteriana são os antibióticos mais selectivos e têm um elevado índice terapêutico porque visam apenas as estruturas celulares procarióticas. As classes de antibióticos que o fazem incluem as penicilinas, as cefalosporinas, a vancomicina e a bacitracina (Lambert, 1998; Madigan *et al.*, 2000; Talaro e Talaro, 2002; Willey *et al.*, 2008).

### 2.10.1.1 Penicilinas

Estes são derivados do ácido 6-aminopenicilânico e diferem entre si no que respeita à cadeia lateral ligada ao seu grupo amino. Embora o seu mecanismo de ação completo ainda não seja completamente conhecido, foi proposto que esta semelhança estrutural bloqueia a enzima que catalisa a reação de transpeptidação que forma as ligações cruzadas de peptidoglicano, bloqueando assim a formação de uma parede celular completa, causando lise osmótica. Também se ligam a várias proteínas periplasmáticas e destroem as bactérias activando as suas próprias enzimas autolíticas (Lambert, 1998; Madigan *et al.*, 2000; Talaro e Talaro, 2002; Willey *et al.*, 2008).

### 1.1.1.2  2 Cefalosporinas

Esta família de antibióticos contém uma estrutura β-lactâmica muito semelhante à das penicilinas. Tal como as penicilinas, também inibem a reação de transpeptidação durante a síntese do peptidoglicano. São medicamentos de largo espetro frequentemente administrados a doentes com alergia à penicilina. As cefalosporinas são genericamente classificadas em quatro gerações (grupos de medicamentos que são desenvolvidos sequencialmente) com base no seu espetro de atividade. As cefalosporinas de primeira geração são mais eficazes contra os agentes patogénicos gram-positivos do que contra os gram-negativos. Os medicamentos de segunda geração, desenvolvidos após a primeira geração, têm melhores efeitos sobre as bactérias gram-negativas, com alguma cobertura dos anaeróbios. Os medicamentos de terceira geração são particularmente eficazes contra os agentes patogénicos gram-negativos, e alguns atingem o sistema nervoso central. No entanto, os agentes antimicrobianos não atravessam a barreira hemato-encefálica. Por último, as cefalosporinas de quarta geração são de largo espetro com uma excelente cobertura de gram-positivos e gram-negativos e, tal como os seus antecessores de terceira geração, inibem o crescimento do patogéneo oportunista difícil *Pseudomonas*

*aeruginosa* (Lambert, 1998; Madigan *et al.*, 2000; Talaro e Talaro, 2002; Willey *et al.*, 2008).

### 1.1.1.3  3 Vancomicina

A porção peptídica da vancomicina bloqueia a reação de transpeptidação ligando-se especificamente à sequência terminal D-alanina-D-alanina na porção pentapeptídica do peptidoglicano. O antibiótico é bactericida para *Staphylococcus* e alguns membros dos géneros *Clostridium, Bacillus, Streptococcus* e *Enterococcus*. É administrado por via oral e intravenosa e tem sido particularmente importante no tratamento de infecções estafilocócicas e enterocócicas resistentes a antibióticos. Tem sido considerado o "medicamento de último recurso" em casos de *S. aureus* resistente a antibióticos (Lambert, 1998; Madigan *et al.*, 2000; Talaro e Talaro, 2002; Willey *et al.*, 2008).

### 1.1.2 2 Inibidores da síntese proteica

Estes antibióticos inibem a síntese proteica ligando-se ao ribossoma procariótico. O seu índice terapêutico é bastante elevado, mas não como o dos inibidores da parede celular, uma vez que podem discriminar entre ribossomas procarióticos e eucarióticos. Alguns fármacos ligam-se à subunidade ribossómica 30S, enquanto outros se ligam à subunidade 50S. Também afectam diferentes etapas da síntese proteica, como a ligação aminoacil-RNAt, a formação de ligações peptídicas , a leitura do ARNm e a translocação. As famílias de antibióticos com este modo de ação incluem os aminoglicosídeos, as tetraciclinas e o cloranfenicol (Lambert, 1998; Madigan *et al.*, 2000; Talaro e Talaro, 2002; Willey *et al.*, 2008).

### 1.1.2.1 1 Aminoglicosídeos

Contêm um anel de ciclo-hexano e açúcares aminados. Ligam-se à subunidade ribossómica 30S e interferem com a síntese proteica, inibindo diretamente o processo de síntese e provocando também uma leitura errada do ARNm. Estes antibióticos são bactericidas e tendem a ser mais eficazes contra agentes patogénicos gram-negativos (Lambert, 1998; Madigan *et al.*, 2000; Talaro e Talaro, 2002; Willey *et al.*, 2008).

### 1.1.2.2 2 Tetraciclinas

Estes antibióticos são semelhantes aos aminoglicosídeos e combinam-se com a subunidade 30S do ribossoma. Isto inibe a ligação das moléculas de aminoacil-RNAt ao sítio A do ribossoma. Uma vez que a sua ação é apenas bacteriostática, a eficácia do tratamento depende da resistência ativa do hospedeiro ao agente patogénico. As tetraciclinas são antibióticos de largo espetro que são activos contra bactérias gram-negativas e gram-positivas, rickettsias, clamídias e micoplasmas (Lambert, 1998; Madigan *et al.*, 2000; Talaro e Talaro, 2002; Willey *et al.*, 2008).

### 1.1.2.3 3 Cloranfenicol

Foi inicialmente produzida a partir de culturas de *Streptomyces venezuelae*, mas atualmente é sintetizada quimicamente. Liga-se ao 23S rRNA na subunidade ribossómica 50S para inibir a reação da peptidil transferase. Devido à sua elevada toxicidade, é utilizada apenas em situações de risco de vida quando nenhum outro fármaco é adequado (Lambert, 1998; Madigan *et al.*, 2000; Talaro e Talaro, 2002; Willey *et al.*, 2008).

### 1.1.3 3 Antagonistas metabólicos

Alguns antibióticos antagonizam ou bloqueiam o funcionamento das vias metabólicas, inibindo competitivamente a utilização de metabolitos por enzimas-chave. Actuam como análogos estruturais (moléculas que são estruturalmente semelhantes aos intermediários metabólicos que ocorrem naturalmente). Estes análogos competem com os intermediários nos processos metabólicos

devido à sua semelhança, mas são suficientemente diferentes para impedirem o normal metabolismo celular. Como tal, são bacteriostáticos mas de largo espetro. Incluem classes de antibióticos como as sulfonamidas ou drogas sulfa e o trimetoprim (Lambert, 1998; Madigan *et al.*, 2000; Talaro e Talaro, 2002; Willey *et al.*, 2008).

### 1.1.3.1 1 Sulfonamidas ou medicamentos à base de sulfa

Estes medicamentos estão estruturalmente relacionados com a sulfanilamida, um análogo do ácido p-aminobenzóico, ou PABA. O PABA é utilizado na síntese do cofator ácido fólico (folato). Quando a sulfanilamida ou outra sulfonamida entra numa célula bacteriana, compete com o PABA pelo local ativo de uma enzima envolvida na síntese do ácido fólico, provocando uma diminuição da concentração de folato. Este declínio é prejudicial para a bactéria porque o ácido fólico é um precursor das purinas e pirimidinas, as bases utilizadas na construção do ADN, ARN e outros constituintes celulares importantes. A inibição resultante da síntese de purinas e pirimidinas leva à cessação da síntese proteica e da replicação do ADN, pelo que o agente patogénico morre. Os fármacos à base de sulfa têm um índice terapêutico elevado porque são seletivamente tóxicos para muitos agentes patogénicos, uma vez que estas bactérias fabricam o seu próprio folato e não conseguem absorver eficazmente este cofator, ao passo que os seres humanos não sintetizam folato (temos de o obter na nossa alimentação) (Lambert, 1998; Madigan *et al.*, 2000; Talaro e Talaro, 2002; Willey *et al.*, 2008).

### 1.1.3.2 2 Trimetoprim

Interfere na produção de ácido fólico ligando-se à di-hidrofolato redutase (DHFR), a enzima responsável pela conversão do ácido di-hidrofólico em ácido tetra-hidrofólico, competindo com o substrato do ácido di-hidrofólico. É um antibiótico de largo espetro frequentemente utilizado para tratar infecções respiratórias e do ouvido médio, infecções do trato urinário e diarreia do viajante. Pode ser combinado com medicamentos à base de sulfa para aumentar a eficácia do tratamento através do bloqueio de duas etapas fundamentais da via do ácido fólico (Lambert, 1998; Madigan *et al.,* 2000; Talaro e Talaro, 2002; Willey *et al.*, 2008).

### 1.1.4 4 Inibidores da síntese de ácidos nucleicos

Os medicamentos antibacterianos que inibem a síntese de ácidos nucleicos funcionam através da inibição da ADN polimerase e da ADN helicase ou da ARN polimerase, bloqueando assim o processo de replicação ou transcrição. Estes medicamentos não são tão seletivamente tóxicos como outros antibióticos porque os procariotas e os eucariotas não diferem muito no que diz respeito à síntese de ácidos nucleicos. Os fármacos com este modo de ação incluem as quinolonas, que são fármacos sintéticos que contêm o anel

4-quinolona. Foram produzidas várias gerações de fluoroquinolonas e outras estão ainda a ser sintetizadas e testadas. Uma delas, a ciprofloxacina, foi utilizada durante os ataques bioterroristas de 2001 nos Estados Unidos como tratamento para o carbúnculo (Lambert, 1998; Madigan *et al.*, 2000; Talaro e Talaro, 2002; Willey *et al.*, 2008). As quinolonas actuam através da inibição da DNA girase bacteriana e da topoisomerase II. A DNA girase introduz uma torção negativa no ADN e ajuda a separar as suas cadeias. A inibição da DNA girase perturba a replicação e a reparação do ADN, a separação dos cromossomas bacterianos durante a divisão e outros processos celulares que envolvem o ADN. As fluoroquinolonas também inibem a topoisomerase II, outra enzima que separa o ADN durante a replicação. Não é surpreendente que as quinolonas sejam bactericidas (Lambert, 1998; Madigan *et al.*, 2000; Talaro e Talaro, 2002; Willey *et al.*, 2008).

As quinolonas são antibióticos de largo espetro. São altamente eficazes contra bactérias entéricas, como as espécies de *Salmonella, E. coli* e *Klebsiella pneumoniae*. Podem ser utilizadas com *Haemophilus, Neiserria, P. aeruginosa* e outros agentes patogénicos gram-negativos. As quinolonas também são activas contra bactérias gram-positivas, como o *S. aureus, o Streptococcus pyogenes* e o *Mycobacterium tuberculosis*. Atualmente, são utilizadas em

tratamento de infecções do trato urinário, doenças sexualmente transmissíveis causadas por *Neisseria* e

*Clamídia*, infecções gastrointestinais, infecções respiratórias, infecções cutâneas e osteomielite (infeção óssea) (Lambert, 1998; Madigan *et al.*, 2000; Talaro e Talaro, 2002; Willey *et al.*, 2008).

### 1.1.5 5 Perturbadores da membrana citoplasmática

O equilíbrio das interações não covalentes entre os constituintes, envolvendo ligações iónicas, hidrofóbicas e de hidrogénio, que mantém a estabilidade de todas as membranas, pode ser perturbado pela intrusão de moléculas (agentes activos de membrana) que destroem a integridade da membrana, provocando assim a fuga de conteúdos citoplasmáticos ou a perturbação das funções metabólicas associadas à membrana. A maioria dos agentes tensioactivos da membrana tem fraca seletividade e, por isso, não pode ser utilizada sistemicamente devido aos seus efeitos nocivos nas células dos mamíferos; em vez disso, são utilizados como anti-sépticos da pele, desinfectantes e conservantes. Alguns agentes podem ser utilizados terapeuticamente: as polimixinas, que actuam principalmente sobre a membrana externa das bactérias Gram-negativas (Lambert, 1998; Madigan *et al.*, 2000; Talaro e Talaro, 2002).

### 2.11 Resistência aos antibióticos

Há uma necessidade crescente de desenvolver ou descobrir novos antibióticos. Os microrganismos estão a evoluir rapidamente para adquirir resistência aos antibióticos existentes. A resistência aos antibióticos representa uma séria ameaça para a saúde humana e animal. A disseminação de agentes patogénicos resistentes aos medicamentos é uma das ameaças mais graves para a saúde pública neste século (Willey *et al.*, 2008; Vaishnav e Demain, 2009; OMS, 2014). O uso indiscriminado e a prescrição de antibióticos na medicina humana e veterinária, em alimentos para animais como promotores de crescimento, em sabonetes e desodorizantes e a disposição de medicamentos terapêuticos não utilizados ou não metabolizados que não foram degradados em sistemas de esgotos e efluentes hospitalares que subsequentemente atingem as águas superficiais e depois as águas subterrâneas e potencialmente a água potável causaram um aumento do número e da propagação de doenças resistentes ao tratamento devido à propagação da resistência aos medicamentos nos microrganismos (Kummerer, 2003; Willey *et al*, 2008; Vaishnav e Demain, 2009).

A resistência aos antibióticos é classificada em dois tipos que podem resultar no fracasso do tratamento; resistência intrínseca (inerente) e adquirida (Power, 1998; Talaro e Talaro, 2002; Romero *et al.*, 2012). A resistência intrínseca é a utilização das propriedades inerentes da bactéria para impedir a ação dos antibióticos (Godfrey e Bryan, 1984), tornando-as normalmente não susceptíveis ao antibiótico. Isto é possível devido à incapacidade do agente antibacteriano de entrar na célula bacteriana e atingir o seu local alvo, ou à falta de afinidade entre o antibacteriano e o seu alvo (local de ação), ou à ausência do alvo na célula (Romero *et al.*, 2012). É mediada por cromossomas (Russell e Chopra, 1996). A resistência adquirida ocorre quando uma bactéria que é normalmente suscetível a um antibiótico se torna resistente após a exposição ao antibiótico. Ocorre por mutações no cromossoma ou pela aquisição de genes que codificam a resistência a partir de uma fonte externa, normalmente através de um plasmídeo ou transposão (Russell e Chopra, 1996; Power, 1998). A resistência adquirida é uma ameaça maior do que a intrínseca na propagação da resistência aos antibióticos devido à natureza transmissível do mecanismo de resistência (Russell e Chopra, 1996; Power, 1998; Romero *et al.*, 2012). Os elementos genéticos responsáveis pela resistência adquirida são os cromossomas, os plasmídeos e os transposões (Lewis 1989; Talaro e Talaro, 2002).

### 2.11.1 Mutações cromossómicas

As mutações nos genes cromossómicos devido a alterações na sequência do ADN podem resultar em

resistência a alguns antibióticos. A mutação pode ocorrer por transição, que é a substituição de uma purina (A ou G) por outra e, portanto, por uma pirimidina (C ou T) para outra, a transversão que envolve uma mudança de uma pirimidina para uma purina e vice-versa e ocorre quando um segmento do ADN é invertido e a duplicação ocorre quando um segmento do ADN é repetido, as mutações frameshift que ocorrem quando uma ou duas bases são inseridas na sequência de ADN, resultando num quadro de leitura alterado e, por conseguinte, num produto genético alterado, as macrolesões que são alterações mais extensas na sequência de ADN , as deleções que resultam na perda de parte do ADN ou as inserções em que são adicionados pares de bases extra a um gene (Power, 1998).

### 2.11.2 Plasmídeos

Trata-se de elementos circulares adicionais do ADN, para além dos genes normais do cromossoma, necessários ao crescimento e à replicação das células, capazes de se replicarem e de se transferirem independentemente do cromossoma. Podem codificar propriedades que incluem a resistência aos antibióticos. Têm a capacidade de se transferir dentro e entre espécies e podem, portanto, ser adquiridos de outras bactérias ou por divisão celular. Esta propriedade torna a resistência adquirida por plasmídeos muito mais ameaçadora em termos de propagação da resistência aos antibióticos do que a resistência adquirida por mutação cromossómica e a capacidade de transferir genes de resistência aos antibióticos é reforçada pela presença de transposões. A transferência de plasmídeos pode ser feita por conjugação (a transferência de ADN de uma célula dadora para uma célula recetora por contacto célula a célula), transdução (a transferência de ADN por bacteriófagos e menos significativa na transferência de resistência a antibióticos do que a conjugação, uma vez que está limitada a organismos da mesma espécie) e transformação (a capacidade de certos microrganismos adquirirem ADN nu do ambiente e também limitada a organismos da mesma espécie ou de espécies relacionadas, portanto menos significativa do que a conjugação) (Power, 1998; Romero *et al.*, 2012).

### 2.11.3 Transposões

Trata-se de elementos genéticos móveis capazes de se transferirem ou transporem independentemente de uma molécula de ADN (cromossoma ou plasmídeos) para outra. São normalmente ladeados por regiões curtas de sequência de ADN quase idêntica, conhecidas como repetições, que funcionam como sequências de reconhecimento para as enzimas envolvidas na transposição (a capacidade dos transposões de se transferirem e integrarem na molécula de ADN recetora). A região central do transposão codifica frequentemente genes de resistência a antibióticos. Os transposões não necessitam de regiões homólogas de ADN para se integrarem numa molécula de ADN, ao contrário do processo normal de recombinação nas células bacterianas, pelo que são uma das principais causas da transferência e disseminação de genes de resistência a antibióticos entre diferentes espécies bacterianas. É possível que as bactérias adquiram uma série de transposões que codificam diferentes resistências a antibióticos através da inserção em plasmídeos existentes ou no cromossoma. Nos últimos 10 anos, foram descritos transposões conjugativos que podem mediar a sua própria transferência. Estes tornam mais provável a transferência e a disseminação de genes de resistência, uma vez que não dependem da inserção em plasmídeos conjugativos para a sua mobilização (Power, 1998).

Os mecanismos de resistência dos microrganismos à ação dos antibióticos podem ser alcançados de diferentes formas. Os genes podem ser expressos para sintetizar enzimas que inactivam o fármaco, diminuem a permeabilidade celular e a absorção do fármaco, alteram o número ou a afinidade dos locais receptores do fármaco ou modificam uma via metabólica essencial (Power, 1998; Talaro e Talaro, 2002). Outros mecanismos incluem a quebra de dormência das bactérias para se tornarem indiretamente resistentes, convertendo a orientação da parede celular numa forma que o antibiótico não pode afetar (Talaro e Talaro, 2002).

Para além da resistência aos antibióticos por parte dos microrganismos, os antibióticos têm outras limitações que deram origem à necessidade de alternativas ou complementos aos antibióticos. Alergias que são

Por vezes, foram registados casos fatais após o tratamento com antibióticos como as penicilinas e os aminoglicosídeos (Willey *et al.*, 2008). Foram notificadas toxicidades como a neurotoxicidade e a toxicidade da medula óssea devido ao consumo de antibióticos como os aminoglicosídeos, as quinolonas e as cefalosporinas (Isaacson *et al.*, 1993; Grill e Maganti, 2008; Willey *et al.*, 2008; Grill e Maganti, 2011; EFSA, 2014). Foram registados efeitos adversos como surdez, diarreia, após a toma de tetraciclina, febre, erupções cutâneas com urticária após a toma de medicamentos à base de sulfa e quinolonas (Talaro e Talaro, 2002; Willey *et al.*, 2008). Foram comunicadas outras complicações, como danos renais, danos nos rins e no fígado após a medicação com tetraciclina, colapso cardiovascular, anemia hematológica e aplástica e diminuição dos glóbulos brancos após a toma de cloranfenicol (Balbi, 2004; Willey *et al.*, 2008; EFSA, 2014). Além disso, problemas como o elevado custo do tratamento e a incapacidade de restaurar a aparência inicial da pele resultaram na investigação de agentes mais recentes para o tratamento (Church *et al.*, 2006; McVay *et al.*, 2007).

**2.12  Vantagens dos bacteriófagos**

Foi a procura de soluções para estes problemas que motivou a investigação noutros domínios, incluindo a utilização de bacteriófagos como controlo biológico de bactérias. Embora não possa substituir completamente os antibióticos, o bacteriófago tem algumas caraterísticas vantajosas que o tornam adequado para ser utilizado como alternativa ou complemento dos antibióticos. Estas incluem: as bactérias infectadas por fagos obrigatoriamente líticos são incapazes de ganhar a sua viabilidade (Carlton, 1999; Stratton, 2003), não foram registados quaisquer efeitos secundários da aplicação de fagos desde a sua longa utilização na terapia humana (Chanishvili, 2009; Kutateladze e Adamia, 2010), apresentam uma dosagem automática, uma vez que se auto-replicam até uma concentração elevada na presença do seu hospedeiro e podem não necessitar de múltiplas aplicações. São também auto-limitantes assim que as células bacterianas são eliminadas (Abedon e Thomas-abedon, 2010; Kutateladze e Adamia, 2010), uma vez que são constituídas maioritariamente por ácido nucleico e proteínas,

são inerentemente não tóxicos. São apenas prejudiciais para o hospedeiro bacteriano, mas não para a

animal ou vegetal. Embora possam interagir com o sistema imunitário, resultando em respostas imunitárias prejudiciais, há poucas provas de que isso seja preocupante durante o tratamento com fagos. No entanto, são utilizadas preparações de fagos altamente purificados em determinados protocolos de terapia com fagos para evitar tais respostas imunitárias (Skurnik e Strauch, 2006; Skurnik *et al.*, 2007; Gorski *et al.*, 2007; Kutter *et al*, 2010), devido à sua especificidade em relação ao hospedeiro, os fagos afectam apenas minimamente as bactérias da flora normal que protegem a saúde e, por conseguinte, não induzem uma super-infeção no animal ou na planta (Hyman e Abedon, 2010; Gupta e Prasad, 2011), têm um potencial mais reduzido de indução de resistência aos fagos devido à sua gama de hospedeiros relativamente estreita. Por conseguinte, o número de tipos de bactérias em que pode ocorrer a seleção de mecanismos específicos de resistência aos fagos é limitado. Tal como as bactérias, os fagos sofrem mutações e, por conseguinte, podem evoluir para contrariar as bactérias resistentes aos fagos. Além disso, algumas mutações para resistência têm um impacto negativo na aptidão ou virulência das bactérias devido à perda de receptores de fagos relacionados com a patogenicidade (Ho, 2001; Matsuzaki *et al.*, 2005; Skurnik e Strauch, 2006; Hyman e Abedon, 2010; Cappareli *et al.*, 2010). Consequentemente, os fagos podem ser facilmente utilizados para tratar infecções resistentes aos antibióticos (Carlton, 1999; Skurnik *et al.*, 2007; Gorski *et al.*, 2007; Kutter *et al.*, 2010). Como fazem parte do ecossistema natural, os fagos contra muitas bactérias patogénicas são facilmente descobertos, muitas vezes a partir de esgotos ou de outros resíduos que contêm elevadas concentrações de bactérias (Loc-Carrillo e Abedon, 2011). São também versáteis na forma de aplicação, como líquidos, cremes, impregnados em sólidos, etc., para além de serem adequados para a maioria das vias de administração. Além disso, diferentes fagos podem ser misturados como cocktails para alargar a sua

A capacidade dos fagos para aumentar a densidade in situ, dadas as densidades bacterianas suficientes, poderia potencialmente reduzir os custos do tratamento, reduzindo as doses de fagos necessárias para alcançar a eficácia. A aplicação de fagos em doses baixas pode também melhorar a segurança do produto, uma vez que os fagos só aumentarão de densidade se estiverem a matar ativamente as bactérias e não permanecerem muito tempo no corpo (Abedon e Thomas-abedon, 2010; Kutter *et al.*, 2010). Como são compostos predominantemente por ácidos nucleicos e proteínas e possuem gamas de hospedeiros relativamente estreitas, os fagos terapêuticos descartados - ao contrário dos antibióticos químicos de largo espetro - terão, na pior das hipóteses, um impacto apenas num pequeno subconjunto do ambiente e das bactérias ambientais. Os fagos não adaptados a factores ambientais degradativos, como a luz solar, a dessecação ou temperaturas extremas, também podem ser rapidamente inactivados (Ding e He, 2010; Hyman e Abedon, 2010; Abedon e Thomas-abedon, 2010; Loc-Carrillo e Abedon, 2011). A utilização de fagos é eficaz e segura no tratamento de infecções especialmente resistentes a antibióticos (Perepanova *et al.*, 1995; Bahador *et al*, 2007; Borysowski e Gorski, 2008) e foi demonstrado que uma terapia fágica bem sucedida de infecções estafilocócicas, incluindo as causadas por MRSA, é muito menos dispendiosa do que o tratamento com antibióticos, o que implica que uma aplicação mais alargada de fagos poderia também ser benéfica para a economia dos cuidados de saúde, um fator que deve ser considerado em todos os países (Miedzybrodzki *et al.*, 2007; Borysowski e Gorski, 2008).

## 2.13 Limitações dos bacteriófagos

Os bacteriófagos também têm algumas limitações que ainda estão a ser investigadas para as reduzir, a fim de os utilizar eficazmente no combate às bactérias patogénicas. Algumas delas incluem: os bacteriófagos só podem ser utilizados eficazmente para controlar a população bacteriana se forem obrigatoriamente líticos, estáveis em condições e temperaturas de armazenamento típicas, sujeitos a estudos adequados de eficácia e segurança e, idealmente, completamente sequenciados para confirmar a ausência de genes indesejáveis, tais como toxinas (Krylov, 2001; Skurnik *et al.*, 2007). Por conseguinte, os fagos temperados não podem ser utilizados devido a uma combinação de exibição de imunidade de superinfeção (Hyman e Abedon, 2010), que converte bactérias sensíveis a fagos em bactérias insensíveis, e a codificação de factores de virulência bacteriana, incluindo toxinas bacterianas (Krylov, 2001; Skurnik e Strauch, 2006; Skurnik *et al.*, 2007; Gill e Hyman, 2010). Para além da caraterização dos fagos antes da sua utilização através da morfologia do virião (por microscopia eletrónica), perfis proteicos ou caraterização genotípica que não seja através da sequenciação do genoma completo (por exemplo, Para reduzir este problema, é necessário identificar os fagos que apresentam uma boa farmacodinâmica primária (ou seja, virulência antibacteriana), uma farmacodinâmica secundária mínima (baixo potencial de causar danos aos doentes) e uma boa farmacocinética (capacidade de atingir as bactérias-alvo in situ) (Abedon e Thomas-Abedon, 2010). Os fagos que não satisfazem adequadamente estes critérios não devem, na maioria das circunstâncias, ser utilizados como terapêutica. No mínimo, isto deve implicar evitar os fagos temperados e, idealmente, deve ser utilizada a sequenciação completa do genoma para excluir o transporte de factores de virulência (Loc-Carrillo e Abedon, 2011) e a estreiteza das gamas de hospedeiros dos fagos limita o tratamento presuntivo com fagos. No entanto, uma vez que os fagos podem ser frequentemente utilizados em combinação com outros agentes antibacterianos, incluindo outros fagos (conhecidos como cocktails de fagos), o espetro lítico dos produtos de fagos pode ser muito mais amplo do que o espetro de atividade dos tipos de fagos individuais (Kutaladze e Adamia, 2010; Kutter *et al.*, 2010; Goodridge, 2010) e mesmo mais amplo do que os antibióticos (Loc-Carrillo e Abedon, 2011).

# CAPÍTULO 3

## 3.1 MATERIAIS E MÉTODO

### 3.2 Recolha de amostras

As amostras que se supõe conterem as bactérias e bacteriófagos de interesse foram obtidas de várias fontes, como se segue:

#### 3.2.1 Recolha de bactérias

Um total de quatro isolados clínicos (amostras 2, 4, 8 e 14) suspeitos de serem *Salmonella* Typhi e *Salmonella* Paratyphi de amostras de fezes foram recolhidos no laboratório dos serviços de saúde da Universidade (Sick Bay) Ahmadu Bello University, Zaria, depois de obtida a autorização da autoridade dos serviços de saúde da Universidade. Trinta e seis amostras de peixe, couves, ovos, folhas de cebola, entranhas de vaca e alfaces foram obtidas em diferentes ocasiões no mercado de Samaru. Os isolados clínicos e as amostras de alimentos foram transportados imediatamente após a recolha para o laboratório do Departamento de Microbiologia da Faculdade de Ciências da Vida da Universidade Ahmadu Bello, em Zaria, para confirmação e isolamento, respetivamente, das espécies de *Salmonella*.

#### 3.2.2 Recolha de fontes de fagos

Foram recolhidas amostras duplicadas de águas residuais de 100 ml cada em recipientes de plástico limpos no ponto de recolha central do sistema de drenagem da universidade. Foram também recolhidas amostras duplicadas de águas residuais de 100 ml cada na barragem (utilizada para actividades de pesca e agrícolas) em Kwanan kurmi, Zaria. Foram também recolhidas amostras de solo húmido dos terrenos agrícolas e dos campos abertos onde os animais costumam pastar à volta da barragem. Todas as amostras de água e solo foram transportadas em embalagens de água gelada para o laboratório, Departamento de Microbiologia, ABU, Zaria, para utilização posterior. 'Salmonelex' -

uma preparação de bacteriófagos de *Salmonella* de largo espetro de 2 x $10^{11}$ pfu/ml, obtida de Microes Food Safety, Países Baixos, foi utilizada como stock de fagos de referência.

## 3.3 Processamento de amostras

Após a recolha, as amostras foram processadas da seguinte forma:

### 3.3.1 Isolamento, identificação e caraterização de bactérias

As amostras foram submetidas a uma série de testes para obter isolados típicos de espécies de Salmonella e caracterizadas da seguinte forma:

### 3.3.1.1 Isolamento de cultura pura

Foram colocados três ovos inteiros em 20 ml de água destilada esterilizada e deixados a repousar durante 10 minutos, após o que foram retirados da água. De cada mistura, foi retirado 1 ml e adicionado a nove mililitros de caldo nutritivo, que é o caldo de pré-enriquecimento. Três outros ovos inteiros foram lavados, desinfectados com solução de hipoclorito e deixados a secar. Utilizou-se uma seringa esterilizada para perfurar cada ovo, fazer uma poça ou misturar o conteúdo do ovo (gema e clara), e retirou-se 1 ml de cada ovo, que foi injetado assepticamente em 9 ml de caldo de pré-enriquecimento. Um grama de cada uma das outras amostras de alimentos (peixes, couves, alfaces, vísceras de vaca e folhas de cebola) foi colocado em 9 ml de caldo de pré-enriquecimento. Todos os caldos foram incubados a $37^{0}$C durante 24 horas (Andrews e Hammacks, 2001; Loongyai *et al.*, 2010; Al-ledani *et al.*, 2014).

Após 24 horas, 1 ml de cada cultura pré-enriquecida foi inoculado em 9 ml de caldo Selenite F e incubado durante 15 horas. Todos os caldos que se apresentavam turvos e de cor avermelhada foram semeados em XLD, SSA e BSA. Os isolados obtidos da baía Sick também foram semeados diretamente em XLD, SSA e BSA. Todas as placas inoculadas foram incubadas a $37^{0}$C durante 24 horas e as colónias formadas foram examinadas quanto a caraterísticas como morfologia e formação de cor típicas das espécies de *Salmonella*. Discretos incolores colónias ou colónias com centro negro em SSA e XLD e colónias castanhas com brilho metálico em BSA foram retiradas para coloração de Gram e foram também inoculadas em caldo nutriente estéril e incubadas durante 24 horas a $35^0$C para análise posterior (Andrews e Hammacks, 2001; Willey *et al.*, 2008; Loongyai *et al.*, 2010; Al-ledani *et al.*, 2014).

### 3.3.1.2 Coloração de Gram de isolados bacterianos

Foram preparados esfregaços de culturas puras dos organismos em estudo, secos ao ar e fixados ao calor em lâminas limpas sem gordura. Os esfregaços foram cobertos com coloração de violeta cristal durante 60 segundos e lavados com água limpa. Foram cobertos com iodo de Lugol durante 60 segundos e lavados. Adicionou-se acetona, gota a gota, e lavou-se imediatamente com água. Cobriram-se as lâminas com a coloração de Safranina durante 60 segundos e lavaram-se. As lâminas foram secas ao ar e examinadas ao microscópio utilizando a objetiva de 40x e depois a objetiva de 100x com imersão em óleo (Woodland, 2004; Cheesebrough, 2006).

### 3.3.1.3 Caracterização bioquímica dos isolados bacterianos

Os testes bioquímicos efectuados para a identificação dos isolados incluem o seguinte:

### 3.3.1.3.1 Ensaio do indole

Mediu-se um grama e meio de meio aquoso de triptona e adicionou-se a 100 ml de água destilada. Foram colocados três mililitros da mistura em vários frascos bijou e bem tapados. Todos os frascos foram autoclavados a $121^0$C durante 15 minutos, após o que foram deixados arrefecer e os organismos de teste foram inoculados e incubados a $37^0$C durante 48 horas. O controlo não foi inoculado. Em cada frasco, adicionou-se 0,5 ml de reagente de Kovac e agitou-se suavemente. Os frascos foram examinados para verificar a presença de coloração vermelha na camada superficial, o que indica uma reação positiva (Woodland, 2004; Cheesebrough, 2006; Hemraj *et al.*, 2013).

### 3.3.1.3.2  Teste de utilização de citrato

Sete gramas de pó de ágar citrato de Simmon foram adicionados a 300 ml de água destilada e fervidos até se dissolverem. Distribuíram-se dez mililitros da mistura em vários tubos de ensaio e cobriram-se com algodão. Todos os tubos foram autoclavados a $121^0$C durante 15 minutos, inclinados e arrefecidos para solidificar. Cada tubo foi inoculado com um isolado e incubado a 37°C durante 24 horas. Em seguida, foram examinados para verificar a mudança de cor de verde para azul (Woodland, 2004; Tadesse e Alem, 2006; Hemraj *et al.*, 2013).

### 3.3.1.3.3  Ensaios do vermelho de metilo e de Voges-Proskauer (MR-VP)

Adicionaram-se três gramas e meio de meio MR-VP a 200 ml de água destilada e deixou-se dissolver. Distribuíram-se cinco mililitros do caldo em vários frascos bijou. Os frascos foram apertados e autoclavados a $121^0$C durante 15 minutos. Depois de arrefecer os caldos, os isolados foram inoculados nos caldos e incubados durante 48 horas a 35 °C. Para um pequeno tubo, foi transferido 1 ml do caldo, ao qual foram adicionadas 3 gotas de vermelho de metilo e observada a mudança de cor. Ao caldo restante, foram adicionadas e agitadas 15 gotas de $\alpha$-Naftol a 5%, foram adicionadas e agitadas 5 gotas de hidróxido de potássio a 40% e a tampa do tubo foi desapertada, depois o tubo foi colocado numa posição inclinada, uma vez que se observa a formação de cor vermelha na interface ar-líquido durante uma hora (Tadesse e Alem, 2006; Hemraj *et al.*, 2013).

### 3.3.1.3.4  Teste de motilidade

Adicionou-se quatro gramas e meio de ágar nutriente a 300 ml de água destilada para o tornar meio forte. Ferveu-se para dissolver e distribuiu-se 10 ml em cada tubo de ensaio. Os meios foram autoclavados a $121^0$C durante 15 minutos e deixados arrefecer. Cada isolado foi inoculado no meio de motilidade através de uma punhalada fina com um fio reto estéril até uma profundidade de 2 cm antes do fundo do tubo. Incubou-se a 35°C durante 48 horas e examinou-se se havia turvação radiante longe da linha de inóculo (Woodland, 2004).

### 3.3.1.3.5 Ensaio do ferro triplo açúcar (TSI)

Dezanove gramas e meio de meio TSI foram adicionados a 300 ml de água destilada e fervidos até se dissolverem. Foram colocados dez mililitros de cada mistura em vários tubos de ensaio, cobertos com algodão e esterilizados em autoclave a $121^0$C durante 15 minutos. Os meios foram inclinados e arrefecidos até solidificarem. Cada isolado foi esfaqueado assepticamente em ágar TSI a uma profundidade de 2 cm antes do fundo e também semeado na superfície inclinada. Incubou-se durante 24 horas a $37^0$C e examinou-se a mudança de cor de vermelho para amarelo na superfície inclinada e no fundo, a formação de gás e a formação de $H_2S$ (Woodland, 2004).

### 3.3.1.3.6 Ensaio da urease

A 95 ml de água destilada, foram adicionados 2,4 g de base de ágar ureia. A mistura foi fervida até se dissolver, autoclavada a $121^0$C durante 15 minutos e deixada arrefecer a $50^0$C quando estava quente ao toque mas não solidificada. Entretanto, 20 g de sal de ureia foram adicionados a 50 ml de água destilada esterilizada para obter uma solução de ureia a 40%. A solução de ureia a 40% foi filtrada através de um filtro de membrana com poros de 0,45 µm para esterilizar. Cinco mililitros da solução de ureia foram adicionados assepticamente a 95 ml de base de ágar ureia fundida, agitados para misturar, distribuídos em frascos bijou estéreis, inclinados e deixados a solidificar. Cada isolado foi inoculado numa placa de ágar ureia e incubado durante 24 horas. Examinou-se a mudança de cor de pêssego para cor-de-rosa. Os isolados que não apresentaram mudança de cor foram submetidos a mais testes (Tadesse e Alem, 2006; Hemraj *et al.*, 2013).

### 3.3.1.4 Confirmação de isolados bacterianos

A confirmação dos isolados bacterianos foi efectuada submetendo os isolados ao sistema de identificação bioquímica Microgen GnA-ID e ao teste de aglutinação em lâmina dos isolados selecionados

### 3.3.1.4.1    Sistema Microgen GnA-ID

A identificação utilizando o sistema Microgen Identification foi efectuada de acordo com as instruções do fabricante. Duas colónias de uma cultura de 24 horas de cada espécie presumível *de Salmonella* foram emulsionadas em 3 ml de solução salina estéril e bem misturadas. Foram adicionadas três gotas da suspensão a cada poço das tiras de 12 poços. Os alvéolos 1, 2, 3 e 9, que correspondem à lisina, ornitina, $H_2S$ e urease, respetivamente, foram cobertos com óleo mineral. Os poços foram selados e incubados a $37^0C$ durante 24 horas. Após a incubação, foram adicionadas duas gotas de reagente de Kovac ao alvéolo 8 - o alvéolo para o indol - e deixadas durante 60 segundos antes da leitura. No alvéolo 10, adicionou-se uma gota de reagente VPI e depois uma gota de reagente VPII. Deixou-se em repouso durante 15-30 minutos antes da leitura. No poço 12, adicionou-se uma gota de reagente TDA e efectuou-se a leitura. Para os restantes poços, a fita adesiva foi retirada e todos os resultados positivos foram registados no formulário de relatório depois de serem comparados com a tabela de cores.

Os códigos octais foram gerados a partir de cada formulário com base no resultado registado e introduzidos no software do sistema de identificação Microgen, uma vez que este fornece a identidade do organismo com base na probabilidade. Foram selecionados para análise posterior dois isolados que apresentavam a maior garantia de identificação e representação como membros de espécies de *Salmonella*. Foram identificados como espécies de *Salmonella* e *Salmonella pullorum*, designados como S1 e S2, respetivamente, para a parte restante do estudo.

**3.2.1.4.2 Teste de aglutinação em lâmina dos isolados selecionados**

Numa lâmina de vidro sem gordura - uma para cada, foi colocada uma gota de água destilada num dos lados como controlo e uma gota do soro de aglutinação polivalente para os grupos A-S de *Samonella* no outro lado. Cada uma foi emulsionada com uma colónia do isolado com 24 horas de idade e agitada durante um minuto. Cada mistura foi examinada quanto à aglutinação em comparação com o controlo negativo numa superfície branca.

### 3.3.1.5 Teste de sensibilidade aos antibióticos dos isolados selecionados

O teste de suscetibilidade a antibióticos foi efectuado utilizando o método Kirby-Bauer, tal como descrito por Cheesebrough (2006). Os discos de antibiótico utilizados para esta investigação incluem Gentamicina (10μg), Ampicilina (10 μg), Ofloxacina (5μg), Nitrofurantoína (300μg), Ceftazidima (30μg), Cloranfenicol (30μg), Ciprofloxacina (5μg) e Amoxicilina-clavulanato (30μg). Esses são os fármacos de escolha comumente usados para o tratamento de doenças causadas por espécies de *Samonella*, o que fundamentou a escolha de sua seleção.

Cada uma das placas de ágar Mueller Hinton foi inoculada com 0,1 ml de suspensão dos organismos de ensaio anteriormente comparados com o padrão de turbidez Macfarland n.º 1. A suspensão foi espalhada uniformemente com uma vareta de vidro curvada estéril e deixada em repouso durante 10 minutos para secar a superfície. Utilizou-se um forcado flamejado para colocar assepticamente os discos de antibiótico na superfície da placa e incubou-se durante 24 horas a $37^0$C. Após 24 horas, as placas foram examinadas e interpretadas de acordo com a diretriz do Clinical Laboratory Standards Institute (CLSI, 2014).

### 3.3.2 Isolamento e análise de fagos

As amostras de água e solo foram processadas e os fagos foram isolados com base no isolado bacteriano (hospedeiro) e a análise foi efectuada da seguinte forma:

### 3.3.2.1 Isolamento de fagos

Quatrocentos mililitros de água destilada foram adicionados a 200 g de solo húmido, agitados e deixados durante 30 minutos e novamente agitados (Payment, 2002). A água foi filtrada com um tecido limpo.

As amostras de águas residuais obtidas do sistema de drenagem da Universidade e da barragem em Kwanan Kurmi e o eluente do solo foram centrifugados a 4000 rpm durante 20 minutos para remover partículas grosseiras e os sobrenadantes foram filtrados através de um filtro de membrana com poros de 0,45μ m para remover detritos e células bacterianas que pudessem estar presentes. Os filtrados foram considerados como fonte limpa de fago (Chibani-Chennoufi *et al.*, 2004b; Willey *et al.*, 2008; Akhtar *et al.*, 2014).

Os fagos foram concentrados adicionando 100 ml de cada filtrado a uma cultura bacteriana em fase exponencial com 8 horas de idade, cultivada em 100 ml de caldo de soja triptona de força dupla. Para o stock de fagos de referência, foram inoculados 50 ml da cultura de 8 horas de idade dos organismos de teste com 10 ml da preparação de fagos "Salmonelex". Todas as misturas foram mantidas a rodar num agitador a uma velocidade de 120 rpm à temperatura ambiente durante 48 horas. As misturas foram sonicadas, centrifugadas a 4000 rpm durante 20 minutos, decantadas e o sobrenadante filtrado através de um filtro de membrana com poros de 0,45 μm. Foi adicionado clorofórmio ao filtrado a 20μlml⁻¹ para matar qualquer célula bacteriana sobrevivente no filtrado. O filtrado foi centrifugado a 10.000 rpm e a $4^0$C durante 10 minutos Os sobrenadantes foram decantados para concentrar ou enriquecer ainda mais a suspensão de fagos (Chibani-Chennoufi *et al.*, 2004b; Sharma *et al.*, 2005; Willey *et al.*, 2008; Middelboe *et al.*, 2010; Tan *et al.*, 2014; Akhtar *et al.*, 2014).

### 3.3.2.2    Identificação de fagos

A identificação e a especificidade dos fagos foram determinadas utilizando as técnicas de ensaio de manchas e de placas do seguinte modo

### 3.3.2.2.1    Ensaio pontual

A presença de fagos líticos *específicos de Salmonella* para os dois isolados em Salmonelex, na água e no solo foi revelada por ensaio pontual utilizando o método de ágar de dupla camada. O relvado bacteriano foi preparado adicionando 1 ml da cultura bacteriana com quatro horas de idade, equivalente a uma densidade ótica ($OD_{600}$) de 0,3, a 4 ml de meio ágar de triptona fundido (TTA). A mistura de bactérias e ágar mole foi misturada e imediatamente vertida numa placa de ágar triptona de soja (TSA) já preparada e solidificada. As placas foram deixadas a solidificar. Foram colocadas algumas gotas de cada stock de fago em diferentes pontos da placa. Havia também um controlo positivo no qual se deitava água destilada estéril e um controlo negativo que não tinha relva bacteriana, apenas o ágar TTA estéril. Todas as placas foram deixadas a absorver líquido, incubadas a $37^0C$ durante 24 horas e examinadas quanto à formação de manchas claras (placa) (Adams, 1959; Middelboe *et al.*, 2010; Viazis *et al.*, 2011; Tan *et al.*, 2014; Akhtar *et al.*, 2014).

### 3.3.2.2.2    Ensaio de placa

Foi preparada uma série de diluições seriadas de 10 vezes dos stocks de fagos em água destilada estéril até à sexta vez. As diluições da quinta e sexta vez de cada stock foram utilizadas para o ensaio em placa. Para cada diluição, 1 ml de uma cultura bacteriana com quatro horas de idade foi misturado com 0,5 ml do stock de fago diluído e 0,2 ml de solução de cloreto de cálcio (para aumentar a adesão). A mistura foi incubada durante 15 minutos, adicionada a 4 ml de TTA fundido e vertida imediatamente, de forma asséptica, numa placa de TSA já solidificada, e submetida a uma breve agitação em vórtex. A placa foi deixada a solidificar, incubada a $37^0C$ durante 24 horas e examinada quanto à formação de placas (Akhtar *et al.*, 2014). Para aqueles que formaram demasiadas placas ou uma placa demasiado grande para ser quantificada, o processo foi repetido com um fator de diluição mais elevado.

As manchas de placa foram cortadas com uma espátula, trituradas e colocadas em 50 ml de tampão, centrifugadas, filtradas novamente e concentradas para utilização posterior. Os fagos foram rotulados como 1KS (fago isolado do solo em Kwanan kurmi e lítico contra espécies de *Salmonella*), 1KW (fago isolado da água da barragem em Kwanan kurmi e lítico contra espécies *de Salmonella*), IDW (fago isolado de águas residuais no ponto de drenagem central, ABU, Zaria e lítico contra espécies *de Salmonella*), 1R {fago de referência (Salmonelex) concentrado utilizando espécies *de* Salmonella}, 2DW (Fago isolado das águas residuais no ponto de drenagem central, ABU, Zaria e lítico contra *Salmonella* Pullorum), 2R (Fago de referência "Salmonelex" concentrado usando *Salmonella* Pullorum), 2KW (Fago isolado das águas da barragem em Kwanan kurmi e lítico contra *Salmonella* Pullorum) e 1KS (Fago isolado do solo em Kwanan kurmi e lítico contra *Salmonella* Pullorum).

## 3.4 Determinação da propriedade lítica dos fagos

A propriedade lítica dos fagos foi determinada através da libertação de fagos da progénie utilizando o ensaio da praga e a lise em tubo, como se mostra a seguir:

### 3.4.1 Libertação de fagos da descendência utilizando o ensaio da praga

Preparou-se caldo de triptona de soja (TSB) e inoculou-se 100 ml do caldo com uma colónia de 24 horas da bactéria testada e incubou-se durante quatro horas. Adicionou-se um mililitro de uma suspensão de fago a 10% à cultura bacteriana com quatro horas de idade, fazendo com que a concentração de fago fosse de 1%.

Adicionou-se também meio mililitro de solução estéril de CaCl2. A mistura fagohospedeiro foi incubada a 37$^0$C num agitador com rotação de 100 rpm à temperatura ambiente. De 20 em 20 minutos, adicionou-se 1 ml da mistura, que foi misturada com 4 ml de TTA fundido e imediatamente vertida na placa de TSA. A placa foi deixada a solidificar e depois incubada a 37$^0$C durante 24 horas. Todas as placas foram examinadas e as leituras efectuadas de 20 em 20 minutos foram registadas até ao ponto em que as placas eram demasiado numerosas para serem contadas (Chibani- chennoufi *et al.*, 2004b).

### 3.4.2 Lise em tubo

A capacidade dos bacteriófagos para lisar os respectivos isolados bacterianos foi avaliada em meios líquidos da seguinte forma:

**3.4.2.1  Atividade fágica em isolados em meio líquido**

Um mililitro de 10% de cada fago (1DW, 2DW, 1KS, 2KS, 1KW, 2KW, 1R e 2R) foi adicionado a 150 ml de uma cultura de 4 horas do seu hospedeiro bacteriano correspondente, com uma densidade ótica (DO) entre 0,2 e 0,5. Foi adicionado meio mililitro de solução de CaCl2 e a mistura foi incubada num agitador que girava a 100 rpm durante 24 horas à temperatura ambiente. De hora a hora, durante as 24 horas de incubação, a absorvância da cultura é medida a 600 nm utilizando um colorímetro na ausência de um espetrofotómetro. O controlo negativo (TSB estéril) foi utilizado como branco para calibrar o colorímetro antes de cada série de ensaios. Os controlos positivos que contêm apenas a bactéria e não contêm fagos foram submetidos às mesmas condições que as culturas infectadas (Chibani-.chennoufi *et al.*, 2004b; Atterbury *et al.*, 2007; Synott *et al.*, 2009).

**3.4.2.2  Atividade antibiótica em isolados em meio líquido**

A 150 ml de cada uma das culturas bacterianas com 4 horas de idade - S1 e S2, foram adicionados 0,4 ml de Ciprofloxacina (200mg/100ml) - e rotulados como 1Cip e 2Cip, respetivamente, tornando-o equivalente a 5µg/ml. Foi adicionado um mililitro de Cloranfenicol (0,048g injetável dissolvido em 10ml de água destilada estéril) a cada 150ml da cultura de 4 horas dos dois isolados, tornando-o equivalente a 32µg/ml - e rotulado 1C e 2C. Todas as misturas e os respectivos controlos positivos foram incubados à temperatura ambiente durante 24 horas num agitador com rotação a 100 rpm, durante as quais a absorvância foi medida de hora a hora.

**3.4.2.3  Atividade combinada de fagos e antibióticos em isolados em meio líquido**

A cada 150 ml da cultura de 4 horas de qualquer um dos isolados em TSB, foram adicionados 1 ml de suspensão de fago a 10%, 0,5 ml de solução de CaCl2 e 1 ml de cloranfenicol (32µg/ml) ou 0,4 ml de ciprofloxacina (5µg/ml). Foram rotulados como 1DWC (Combinação do fago 1DW e Cloranfenicol), 1DWCip (Combinação do fago 1DW e Ciprofloxacina), 2DWC (Combinação do fago 2DW e Cloranfenicol), 2DWCip

(Combinação do fago 2DW e Ciprofloxacina), 1KSC (Combinação do fago 1KS e cloranfenicol), 1KSCip (Combinação do fago 1KS e ciprofloxacina), 2KSC (Combinação do fago 2KS e cloranfenicol), 2KSCip (Combinação do fago 2KS e ciprofloxacina), 1KWC (Combinação do fago 1KW e cloranfenicol), 1KWCip (Combinação do fago 1KW e ciprofloxacina), 2KWC (Combinação do fago 2KW e cloranfenicol), 2KWCip (Combinação do fago 2KW e ciprofloxacina), 1RC (Combinação do fago 1R e cloranfenicol), 1RCip (Combinação do fago 1R e ciprofloxacina), 2RC (Combinação de fago 2R e cloranfenicol), 2RCip (Combinação de fago 2R e ciprofloxacina), As misturas foram incubadas à temperatura ambiente num agitador com rotação a 100 rpm durante um período de 24 horas, durante o qual as absorvâncias foram medidas de hora a hora a uma DO de 600 nm. Os controlos positivos não contêm nem fagos nem antibióticos.

## 3.5 Análise de dados

As actividades dos bacteriófagos e dos antibióticos, bem como a combinação dos fagos e dos respectivos antibióticos, foram comparadas a p≤0,05 utilizando a Análise de Variâncias (ANOVA) unidirecional e o teste Post Hoc de Tukey pela International Business Machines SPSS Statistics versão 21 e GraphPad Prism versão 5.

# CAPÍTULO 4

## 4.1 RESULTADOS

### 4.1 Caraterísticas dos isolados bacterianos

Sete isolados que foram codificados como 2 (isolado clínico), 4 (isolado clínico), 7 (de conteúdo de ovo), 8 (isolado clínico), 23 (de folha de cebola), 28 (de alface) e 33 (de couve) exibiram caraterísticas típicas de espécies de *Salmonella*. Outros testes utilizando um kit padrão (Microgen GnA-ID System) revelaram uma espécie de *Salmonella*, três *Salmonella* Pullorum, uma *Enterobacter aerogenes* e duas *Citrobacter freundii*, como se mostra no quadro 4.1. O teste serológico para a confirmação dos dois isolados selecionados (uma espécie de *Salmonella* e uma *Salmonella* Pullorum, designadas S1 e S2, respetivamente) mostrou que ambas aglutinavam com o soro aglutinante para os grupos A-S de *Salmonella* (placa 4.1).

### 4.2 Placas formadas por fagos isolados e cultivados

O ensaio pontual e o ensaio de praga, como se mostra nas placas 4.2 e 4.3, respetivamente, mostraram clareiras (placas) formadas no relvado bacteriano dos isolados quando comparados com os controlos positivo e negativo (placas 4.4 e 4.5), indicando a atividade lítica dos fagos nos isolados. As placas formadas no ensaio de praga variaram após as diluições em tubo, como se mostra na Tabela 4.2. Seis bacteriófagos virulentos foram obtidos de três fontes - três para cada isolado, e o fago de referência (Salmonelex) foi lítico em ambos os isolados, totalizando oito bacteriófagos nesta investigação. O 2DW produziu mais pragas, seguido do 2KW e depois do 2KS, 1KS, 2R, 1KW, 1DW e 1R, por ordem decrescente. Os fagos foram codificados de acordo com o número da sua fonte de isolamento bacteriano (S1 ou S2), a localização da fonte primária (sistema de drenagem da Universidade, ou Kwanan Kurmi) e a fonte (água ou solo).

**Tabela 4.1. Identificação dos isolados utilizando o sistema Microgen GnA-ID**

| S/N | Isolate No (New No) | Octal code | Identity | Percent probability (%) |
|---|---|---|---|---|
| 1 | 2(1) | 7702 | *Salmonella* species | 80.89 |
| 2 | 7(2) | 7700 | *Salmonella* Pullorum | 66.15 |
| 3 | 4(3) | 7725 | *Salmonella* Pullorum | 33.03 |
| 4 | 8(4) | 7725 | *Salmonella* Pullorum | 33.03 |
| 5 | 23(6) | 7746 | *Enterobacter aerogenes* | 33.57 |
| 6 | 28(7) | 1742 | *Citrobacter freundii* | 99.84 |
| 7 | 33(8) | 1742 | *Citrobacter freundii* | 99.84 |

Placa 4.1: Confirmação de isolados selecionados (S1 e S2) utilizando o soro de aglutinação polivalente para os grupos A-S de *Salmonella*.

Chave:

C- Controlo

AS- Soro Aglutinante

S1= Espécie *de Salmonella*

S2= *Salmonella* Pullorum

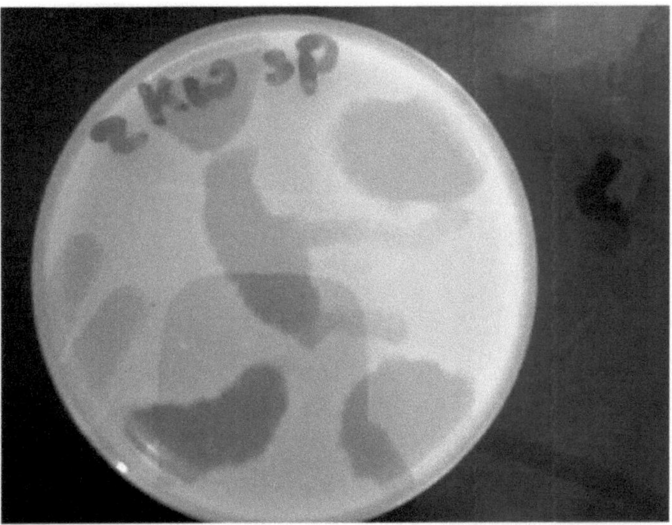

Placa 4.2: Pragas formadas por fagos em relvado bacteriano após ensaio pontual

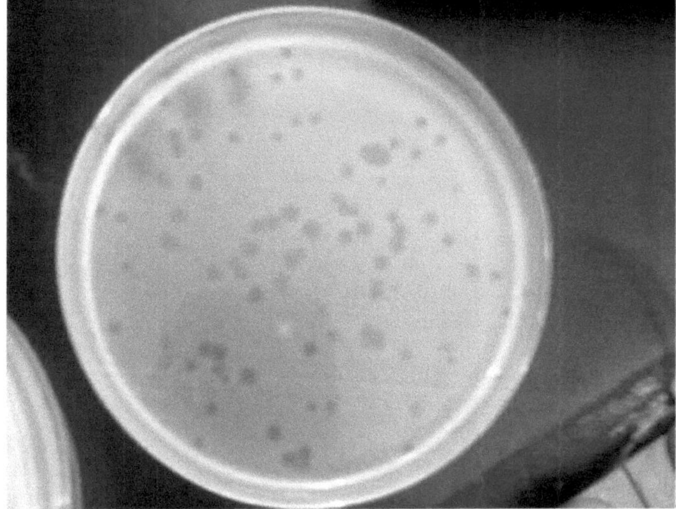

Placa 4.3: Pragas formadas por fagos em relvado bacteriano após ensaio de placa

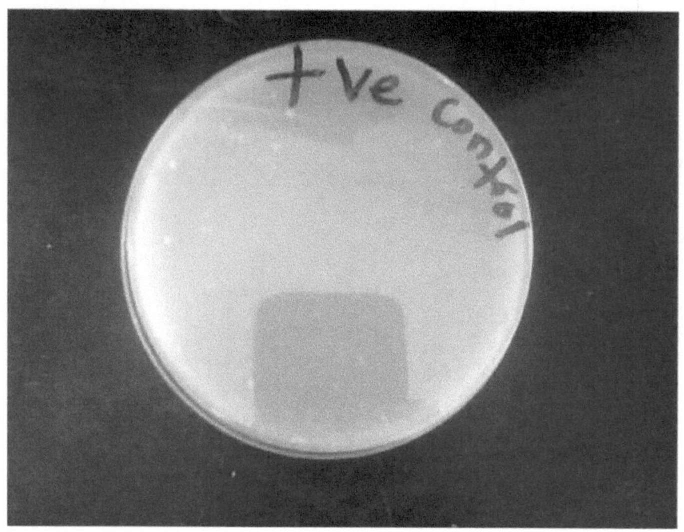


Placa 4.4: Controlo positivo com relva bacteriana sem fago.

Chave:

+ve - Positivo

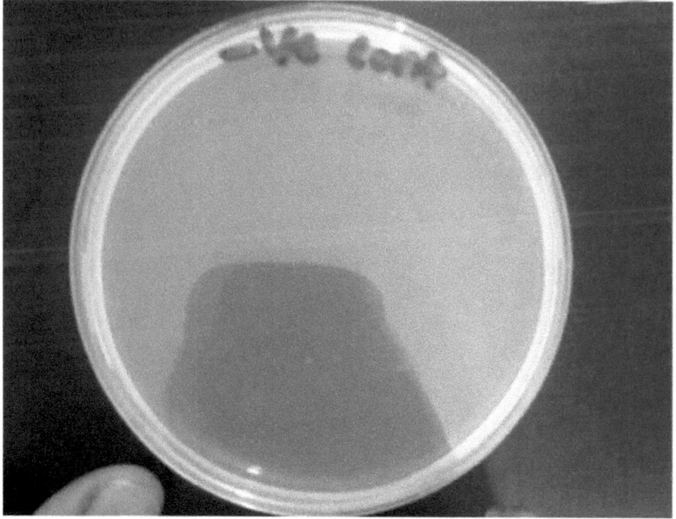


Placa 4.5: Controlo negativo sem bactéria nem fago.

Chave:

-ve - Negativo

Cont - Controlo

## Tabela 4.2. Pragas formadas após diluição em tubo

| Bacteriophage | Plague (pfu/ml) |
|---|---|
| 1KS | $3.1 \times 10^8$ |
| 1KW | $1.1 \times 10^7$ |
| 1DW | $3.8 \times 10^6$ |
| 1R | $7.3 \times 10^3$ |
| 2DW | $1.1 \times 10^{10}$ |
| 2R | $1.9 \times 10^8$ |
| 2KW | $7.7 \times 10^8$ |
| 2KS | $5.9 \times 10^8$ |

Chaves

1KS - Fago isolado do solo em Kwanan Kurmi e lítico contra espécies de *Salmonella*

1KW - Fago isolado da água da barragem em Kwanan Kurmi e lítico contra espécies de *Salmonella*

IDW - Fago isolado de águas residuais no ponto de drenagem central, ABU, Zaria e lítico contra espécies de *Salmonella*

1R - Fago de referência (Salmonelex) concentrado utilizando espécies de *Salmonella*

2DW - Fago isolado de águas residuais no ponto de drenagem central, ABU, Zaria e lítico contra *Salmonella* Pullorum

2R - Fago de referência (Salmonelex) concentrado utilizando *Salmonella* Pullorum

2KW - Fago isolado da água da barragem em Kwanan Kurmi e lítico contra *Salmonella* Pullorum

1KS - Fago isolado do solo em Kwanan Kurmi e lítico contra *Salmonella* Pullorum

**4.3　Sensibilidade aos antibióticos das espécies de *Salmonella* (S1) e *Salmonella* Pullorum (S2)**

O teste de sensibilidade aos antibióticos dos dois isolados selecionados *Sa lmon ella* species (S1) e *Sa lmonella* Pullorum (S2) (Quadro 4.3) mostrou que ambos os isolados eram susceptíveis a Gentamicina (100%), Cloranfenicol (100%), Ofloxacina (100%), Nitrofurantoína (100%), Ciprofloxacina (100%) e Amoxicilina-clavulanato (100) e eram resistentes a Ceftazidima (100%) e Ampicilina (100%) com base na norma estabelecida pelo CLSI (2014). A suscetibilidade de ambos os isolados foi mais elevada à ciprofloxacina, seguida da ofloxacina e depois do cloranfenicol, e a resistência foi mais elevada à ceftazidima e depois à ampicilina.

## 4.4    . Determinação da propriedade lítica dos fagos através da libertação de fagos descendentes

A libertação de fagos descendentes de culturas infectadas com fagos mostrou infecciosidade a partir de 20 minutos após a infeção e um aumento contínuo do título de fagos com o tempo (Figura 4.1). As contagens de fagos começaram com números muito elevados, variando entre Log106 e Log1010. O 2KW apresentou um padrão peculiar. A sua curva desceu drasticamente no $60°$ minuto e voltou a subir antes de se tornar demasiado numerosa para ser contada. É de notar que, vinte minutos após o ponto em que cada curva parou, a contagem de placas tornou-se demasiado numerosa para ser contada, mas não pôde ser representada no gráfico. Por conseguinte, não houve um pico definido para a infecciosidade dos fagos, uma vez que todos se tornaram demasiado numerosos para serem contados num ponto ou noutro.

## 4.5    Determinação da propriedade lítica dos fagos e/ou antibióticos em
## Tubo

Todos os ensaios efectuados em tubos durante 24 horas, utilizando apenas os fagos, apenas o antibiótico ou a combinação dos fagos e de qualquer um dos antibióticos, revelaram padrões de interesse, como se explica a seguir

**Tabela 4.3: Sensibilidade aos antibióticos das espécies de *Salmonella* (S1) e *Salmonella* Pullorum (S2)**

| Antibiotics | Diameter of inhibition zone (mm) on | |
|---|---|---|
| | S1 | S2 |
| Gentamicin (10µg) | 23 (S) | 28 (S) |
| Ceftazidime (30µg) | R | R |
| Chloramphenicol (30µg) | 27 (S) | 22 (S) |
| Ofloxacin (5µg) | 31 (S) | 32 (S) |
| Nitrofurantoin (300µg) | 22 (S) | 13 (S) |
| Ampicillin (10 µg) | R | 10 (R) |
| Ciprofloxacin (5µg) | 35 (S) | 40 (S) |
| Amoxicillin- clavulanate (30µg) | 15 (I) | 18 (S) |

Chave:

R- Resistente I- Intermédio S - Suscetível

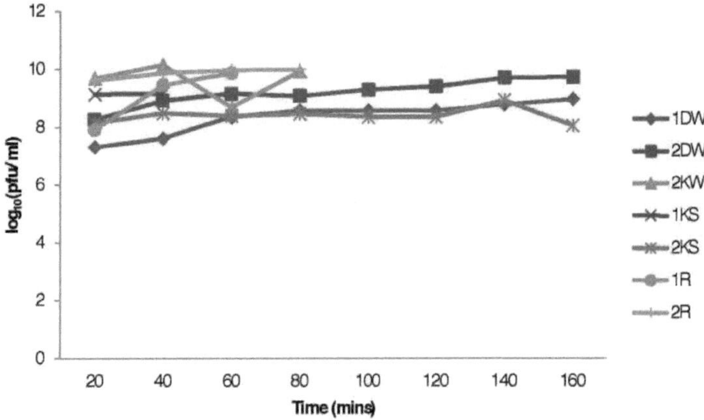


Figura 4.1: Libertação de fagos da cultura infetada medida pelo ensaio da praga e apresentada em logaritmo.

Chaves:

1KS - Fago isolado do solo em Kwanan Kurmi e lítico contra espécies de *Salmonella*

IDW - Fago isolado de águas residuais no ponto de drenagem central, ABU, Zaria e lítico contra espécies de *Salmonella*

1R - Fago de referência (Salmonelex) concentrado utilizando espécies de *Salmonella*

2DW - Fago isolado de águas residuais no ponto de drenagem central, ABU, Zaria e lítico contra *Salmonella* Pullorum

2R - Fago de referência (Salmonelex) concentrado com *Salmonella* Pullorum

2KW - Fago isolado da água da barragem em Kwanan Kurmi e lítico contra *Salmonella* Pullorum

1KS - Fago isolado do solo em Kwanan Kurmi e lítico contra *Sa lmon ella* Pullorum

### 4.5.1 Propriedade lítica dos fagos isolados por lise em tubo

Todos os fagos envolvidos na lise no ensaio em tubo reduzem significativamente as densidades ópticas (DO) do crescimento de ambas as espécies de *Salmonella* (S1) e de *Salmonella* Pollurum (S2) após a infeção por fagos, enquanto os controlos não infectados mantêm uma $DO_{600}$ elevada. A figura 4.2 mostra uma diferença clara entre a $OD_{600}$ do controlo positivo (S1) e a do organismo infetado com os fagos 1DW, 1KS, 1KW e 1R. A diminuição da $OD_{600}$ de S1 infetado com 1DW, 1R e 1KW não foi significativamente diferente entre si a p≤0,05, mas foi significativamente diferente de 1KS, exceto IKW que não é. A diminuição da $OD_{600}$ de S2 infetado pelos fagos 2DW, 2KS, 2KW e 2R foi significativamente diferente entre si a p≤0,05, exceto 2DW e 2KW, que não são significativamente diferentes entre si. O pico para 2DW, 2KS, 2KW e 2R foi na 2ª, 14ª, 3ª e 1ª horas, respetivamente (Figura 4.3).

### 4.5.2 Atividade dos antibióticos em isolados bacterianos em meio líquido

Os antibióticos reduzem significativamente as densidades ópticas de crescimento de *Salmonella* species (S1) e *Salmonella* Pullorum (S2) em comparação com os controlos quando ambos os isolados foram submetidos ao ensaio em tubo, cada um tratado separadamente com os dois antibióticos. As diminuições nas leituras de OD600 por Ciprofloxacina e Cloranfenicol em S1 a p≤0,05 não são significativamente diferentes entre si. A $OD_{600}$ do cloranfenicol em S1 foi elevada até à 9.ª hora, altura em que diminui drasticamente com o tempo até à última hora e a da ciprofloxacina atingiu o seu pico na 6.ª hora e diminui gradualmente com o tempo, como se mostra na Figura. 4.4. Os efeitos dos dois antibióticos em S2 são significativamente diferentes uns dos outros

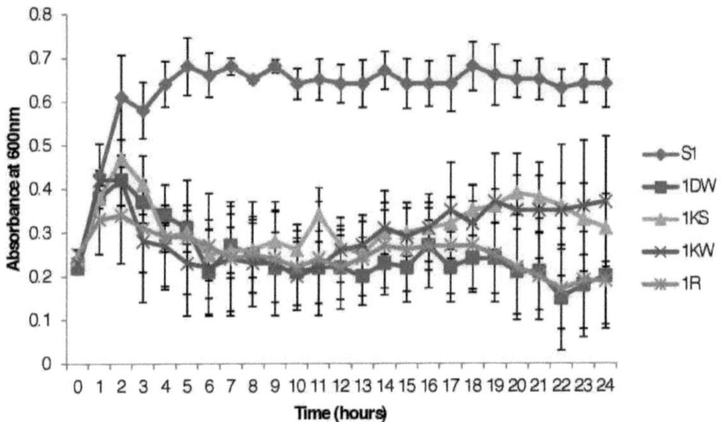

Figura 4.2.    Desenvolvimento da densidade ótica (DO) da cultura de controlo não infetada (S1) e das culturas paralelas infectadas com os fagos 1DW, 1KS, 1KW e 1R. Os dados representam a média ± erro padrão.

Chaves:

S1 - Cultura de controlo não infetada de espécies de *Salmonella*

1DW - Cultura de espécies de *Salmonella* infectadas com o fago 2DW

1R - Cultura de espécies de *Salmonella* infectadas com o fago de referência (Salmonelex)

1KW - Cultura de espécies de *Salmonella* infectadas com o fago 2KW

1KS - Cultura de espécies de *Salmonella* infectadas com o fago 1KS

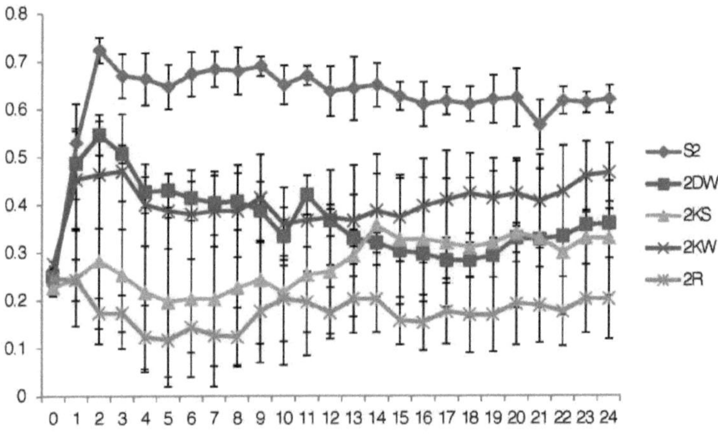

Figura 4.3.    Desenvolvimento da densidade ótica (DO) da cultura de controlo não infetada (S2)

e das culturas paralelas infectadas com os fagos 2DW, 2KS, 2KW e 2R. Os dados representam a média ± erro padrão.

Chaves:

S2 - Cultura de controlo não infetada de *Salmonella* Pullorum

2DW - Cultura de *Salmonella* Pullorum infetada com o fago 2DW

2R - Cultura de *Salmonella* Pullorum infetada com o fago de referência (Salmonelex)

2KW - Cultura de *Salmonella* Pullorum infetada com o fago 2KW

2KS - Cultura de *Salmonella* Pullorum infetada com o fago 2KS

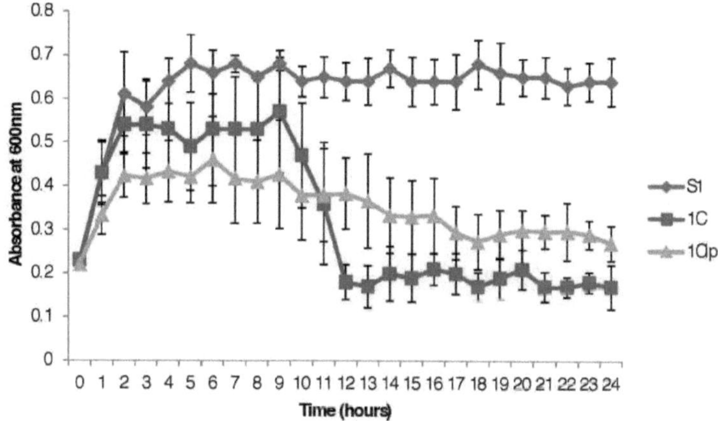


Figura 4.4. Desenvolvimento da densidade ótica (DO) da cultura de controlo não tratada (S1) e das culturas paralelas tratadas com os antibióticos cloranfenicol e ciprofloxacina. Os dados representam a média ± erro padrão.

Chave:

S1 - Cultura de controlo não tratada de espécies de *Salmonella*

1C - Cultura de espécies de *Salmonella* tratadas com cloranfenicol

1Cip - Cultura de espécies de *Salmonella* tratadas com ciprofloxacina

outro a $p \leq 0,05$. A Figura 4.5 mostra que a $OD_{600}$ da cultura tratada com cloranfenicol diminuiu

após o seu pico na primeira hora e manteve uma baixa flutuação da $OD_{600}$, enquanto a $OD_{600}$ da

cultura tratada com ciprofloxacina aumentou de forma constante até à 6.ª hora e começou a reduzir

de forma constante até à última hora.

**4.5.3 Atividade dos fagos e dos antibióticos nos isolados individualmente e em combinação**

Observou-se que a absorvância dos bacteriófagos isolados, dos antibióticos isolados e da combinação de fagos e antibióticos diminuiu significativamente em comparação com a das culturas não tratadas e não infectadas dos isolados bacterianos. As reduções foram também comparadas entre si.

### 4.5.3.1 Atividade de IDW, cloranfenicol, ciprofloxacina, 1DWC e 1DWCip em S1

A absorvância do fago 1DW, do cloranfenicol (C) e do 1DWC (combinação de 1DW e cloranfenicol), quando as densidades ópticas foram medidas, reduziu significativamente ($p \leq 0,05$) em comparação com o controlo não infetado/não tratado (SI), como se mostra na Figura 4.6. A atividade do cloranfenicol (1C) foi significativamente diferente da do fago (1DW) e da combinação de ambos (1DWC) a $p \leq 0,05$, mas a de 1DW e 1DWC não foram significativamente diferentes entre si. Da mesma forma, a $OD_{600}$ de S1 tratada com ciprofloxacina (Cip), 1DWCip (combinação de 1DW e ciprofloxacina) e o fago 1DW ficou abaixo da do controlo positivo S1 (Figura 4.7). A $p \leq 0,05$, a atividade de 1DW e 1DWCip em S1 foi significativamente diferente da da ciprofloxacina, mas ambas não foram significativamente diferentes entre si.

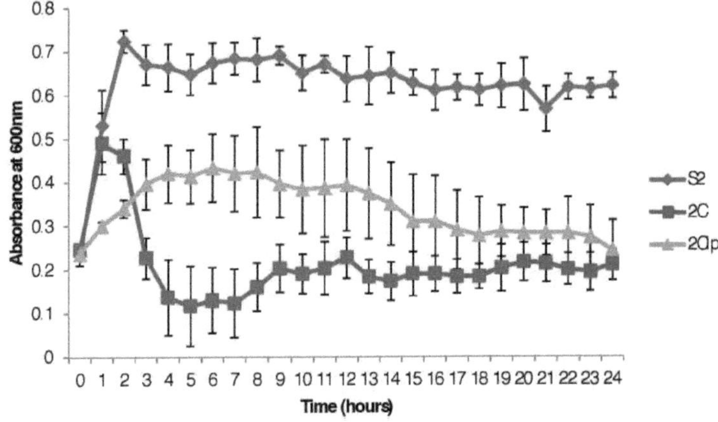


Figura 4.5. Desenvolvimento da densidade ótica (DO) da cultura de controlo não tratada (S2) e das culturas paralelas tratadas com os antibióticos cloranfenicol e ciprofloxacina. Os dados

representam a média ± erro padrão.

Chave:

S2 - Cultura de controlo não tratada de *Salmonella* Pullorum

2C - Cultura de *Salmonella* Pullorum tratada com cloranfenicol

2Cip - Cultura de *Salmonella* Pullorum tratada com ciprofloxacina

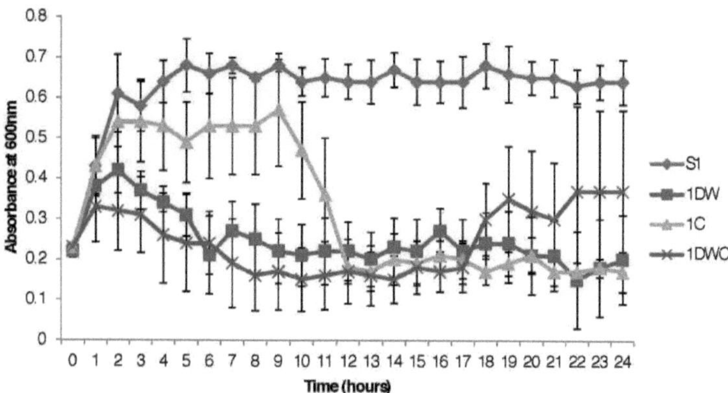


Figura 4.6:  Desenvolvimento da densidade ótica (DO) da cultura de controlo não infetada (S1)
e das culturas paralelas infectadas/tratadas com 1DW, cloranfenicol e ambos. Os dados
representam a média ± erro padrão.


Chave:

S1 - Cultura de controlo não infetada/não tratada de espécies de *Salmonella*

1DW - Cultura de espécies de *Salmonella* infectadas com o fago 1DW

1C - Cultura de espécies de *Salmonella* tratadas com cloranfenicol

1DWC - Cultura de espécies de *Salmonella* infectadas e tratadas com o fago 1DW e o
        cloranfenicol

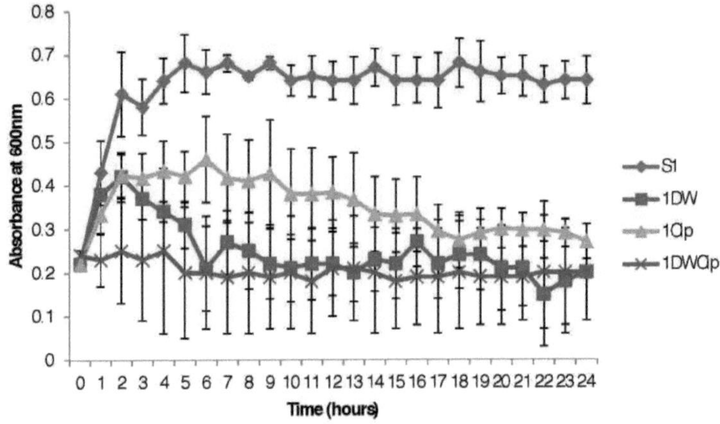


Figura 4.7: Desenvolvimento da densidade ótica (DO) da cultura de controlo não infetada (S1) e das culturas paralelas infectadas/tratadas com 1DW, ciprofloxacina e ambos. Os dados representam a média ± erro padrão.

Chave:

S1 - Cultura de controlo não infetada/não tratada de espécies de *Salmonella*

1DW - Cultura de espécies de *Salmonella* infectadas com o fago 1DW

1Cip - Cultura de espécies de *Salmonella* tratadas com ciprofloxacina

1DWCip - Cultura de espécies de *Salmonella* infectadas e tratadas com o fago 1DW e a ciprofloxacina

### 4.5.3.2 Atividade de IKS, cloranfenicol, ciprofloxacina, 1KSC e 1KSCip em S1

Verificou-se uma diminuição significativa ($p \leq 0{,}05$) na $OD_{600}$ do fago 1KS, do cloranfenicol e da sua combinação (1KSC) em comparação com a do controlo S1, que não está infetado/não foi tratado (Figura 4.8). Os efeitos de 1C e 1KS não foram significativamente diferentes entre si a $p \leq 0{,}05$, mas os efeitos de ambos são significativamente diferentes dos de 1KSC. A $OD_{600}$ do fago 1KS, da ciprofloxacina e da combinação do fago e do antibiótico -1KSCip, em comparação com o controlo S1, foi significativamente diferente (Figura 4.9). A atividade do fago 1KS e da ciprofloxacina foi significativamente diferente da da sua combinação 1KSCip, mas não foi significativamente diferente uma da outra a $p \leq 0{,}05$.

### 4.5.3.3 Atividade de IKW, cloranfenicol, ciprofloxacina, 1KWC e 1KWCip em S1

Houve redução (p≤0,05) nas densidades ópticas das culturas tratadas ou/e infectadas com 1KW, C e 1KWC -Figura 4.10, em comparação com o controlo positivo S1. Houve diferenças significativas a p≤0,05 entre as reduções causadas pelo cloranfenicol e pelo fago 1KW em comparação com o 1KWC. Entre 1KW e 1C, as acções não são significativamente diferentes. A Figura 4.11 mostra a diferença entre a absorvância do controlo S1 e as culturas tratadas ou/e infectadas com 1KW, Ciprofloxacina e as suas combinações 1KWCip. Estatisticamente a p≤0,05, as acções do 1KW e do IKWCip foram significativamente diferentes do antibiótico isolado, mas não significativamente diferentes entre si.

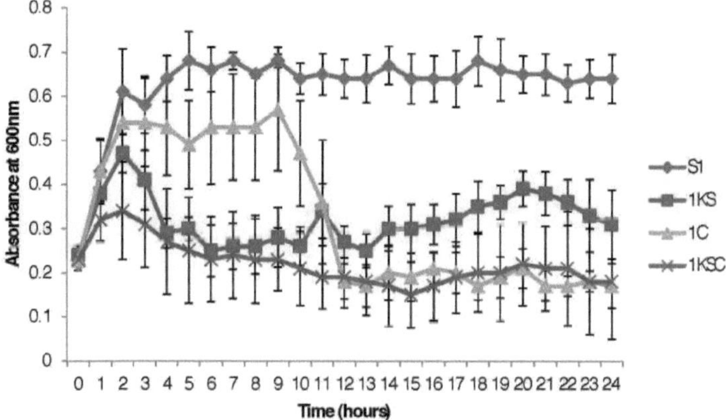



Figura 4.8:   Desenvolvimento da densidade ótica (DO) da cultura de controlo não infetada (S1) e das culturas paralelas infectadas/tratadas com 1KS, cloranfenicol e ambos. Os dados representam a média ± erro padrão.

Chave:

S1 - Cultura de controlo não infetada/não tratada de espécies de *Salmonella*

1KS - Cultura de espécies de *Salmonella* infectadas com o fago 1KS

1C - Cultura de espécies de *Salmonella* tratadas com cloranfenicol

1KSC - Cultura de espécies de *Salmonella* infectadas e tratadas com o fago 1KS e o cloranfenicol

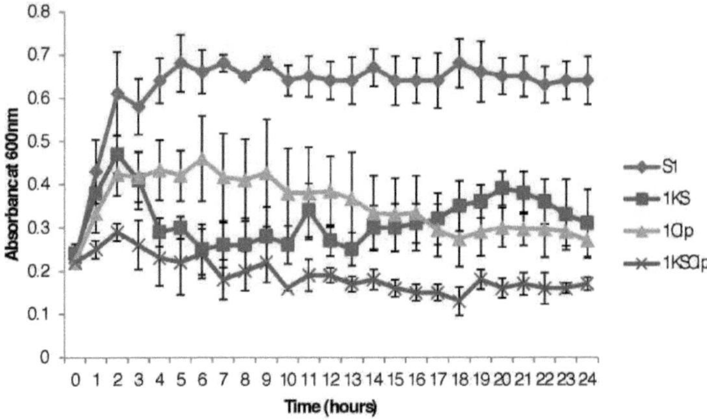



Figura 4.9:   Desenvolvimento da densidade ótica (DO) da cultura de controlo não infetada (S1) e das culturas paralelas infectadas/tratadas com 1KS, ciprofloxacina e ambos. Os dados representam a média ± erro padrão.
Chave:

S1 - Cultura de controlo não infetada/não tratada de espécies de *Salmonella*

1KS - Cultura de espécies de *Salmonella* infectadas com o fago 1KS

1Cip - Cultura de espécies de *Salmonella* tratadas com ciprofloxacina

1KSCip - Cultura de espécies de *Salmonella* infectadas e tratadas com o fago 1DW e a ciprofloxacina

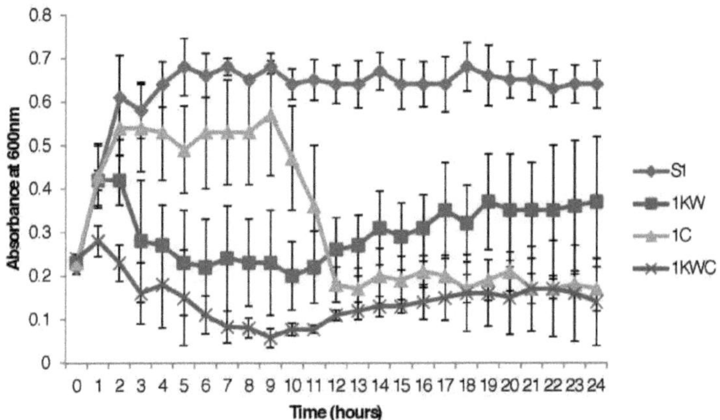



Figura 4.10: Desenvolvimento da densidade ótica (DO) da cultura de controlo não infetada (S1) e de culturas paralelas infectadas/tratadas com 1KW, cloranfenicol e ambos. Os dados

representam a média ± erro padrão.

Chave:

S1 - Cultura de controlo não infetada/não tratada de espécies de *Salmonella*

1KW - Cultura de espécies de *Salmonella* infectadas com o fago 1KW

1C - Cultura de espécies de *Salmonella* tratadas com cloranfenicol

1KWC - Cultura de espécies de *Salmonella* infectadas e tratadas com o fago 1KW e o
cloranfenicol

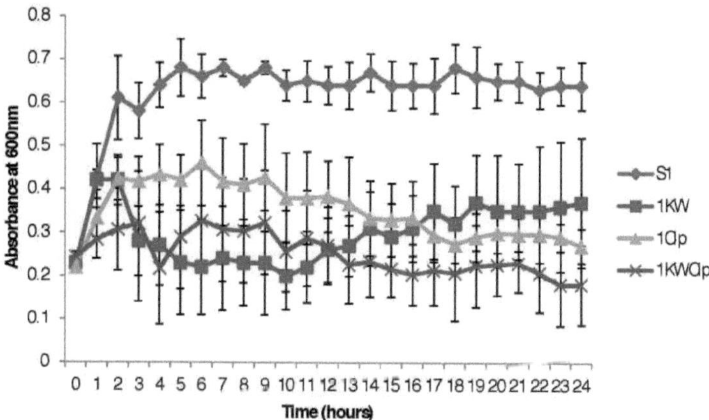


Figura 4.11: Desenvolvimento da densidade ótica (DO) da cultura de controlo não infetada (S1)
e das culturas paralelas infectadas/tratadas com 1KW, ciprofloxacina e ambos. Os dados
representam a média ± erro padrão.

Chave:

S1 - Cultura de controlo não infetada/não tratada de espécies de *Salmonella*

1KW - Cultura de espécies de *Salmonella* infectadas com o fago 1KW

1Cip - Cultura de espécies de *Salmonella* tratadas com ciprofloxacina

1KWCip - Cultura de espécies de *Salmonella* infectadas e tratadas com o fago 1KW e a
ciprofloxacina

**4.5.3.4    Atividade de IR, cloranfenicol, ciprofloxacina, 1RC e 1RCip em S1**

Verificou-se uma diferença significativa ($p \leq 0,05$) entre a densidade ótica do SI de controlo e a

dos fagos 1R, Cloranfenicol e 1RC, como se mostra na Figura 4.12. Não há diferença significativa

entre a mudança nas densidades ópticas de 1R e 1C e de 1R e 1RC, mas houve diferença

81

significativa entre 1C e 1RC. Do mesmo modo, verificou-se uma diferença significativa (p≤0,05) entre a densidade ótica do SI de controlo e as do fago 1R, da ciprofloxacina e do 1RCip, como se mostra na Figura 4.13. A diferença entre o efeito de 1R e 1RCip não é significativa, mas a diferença entre 1R e 1Cip e 1Cip e 1RCip é significativamente diferente uma da outra.

### 4.5.3.5 Atividade de 2DW, cloranfenicol, ciprofloxacina, 2DWC e 2DWCip em S2

A p≤0,05, as densidades ópticas das culturas tratadas ou/e infectadas com o fago 2DW, o antibiótico -cloranfenicol (2C) e a combinação do fago com o antibiótico (2DWC) foram todas significativamente diferentes da densidade ótica da cultura de controlo não tratada e não infetada (S2), como se mostra na Figura 4.14. As densidades ópticas de 2C e 2DWC não foram significativamente diferentes uma da outra, mas ambas são significativamente diferentes da de 2DW a p≤0,05. Do mesmo modo, a p≤0,05, as densidades ópticas das culturas tratadas ou/e infectadas com o fago 2DW, o antibiótico - Ciprofloxacina (2Cip) e a sua combinação (2DWCip) foram todas significativamente diferentes da densidade ótica da cultura de controlo não tratada e não infetada (S2), como se mostra na Figura 4.15. As densidades ópticas de 2DW, 2Cip e 2DWCip não são significativamente diferentes umas das outras.

### 4.5.3.6 Atividade de 2KS, cloranfenicol, ciprofloxacina, 2KSC e 2KSCip em S2

As densidades ópticas das culturas tratadas ou/e infectadas com os fagos 2KS, 2C e a combinação de ambos (2KSC) foram todas significativamente diferentes (p≤0,05) da densidade ótica de S2 (Figura 4.16). As densidades ópticas de 2KS e 2C foram significativamente diferentes umas das outras, mas ambas não foram significativamente diferentes de 2KSC. As densidades ópticas das culturas tratadas ou/e infectadas com o fago 2KS, 2Cip e a combinação de ambos (2KSCip) foram todas significativamente diferentes (p≤0,05) da densidade ótica de S2, como se pode ver na Figura 4.17. As densidades ópticas de 2KS, 2Cip e 2KSCip foram todas significativamente diferentes umas das outras.

### 4.5.3.7 Atividade de 2KW, cloranfenicol, ciprofloxacina, 2KWC e 2KWCip em S2

As densidades ópticas das culturas que continham o fago 2KW, o cloranfenicol ou a combinação dos dois 2KWC foram todas significativamente diferentes (p≤0,05) do controlo S2, como se pode ver na Figura 4.18. As densidades ópticas de 2KW, 2C e 2KWC foram todas significativamente diferentes umas das outras. As densidades ópticas das culturas que contêm 2KW, ciprofloxacina e a combinação de ambos 2KWCip foram todas significativamente diferentes (p≤0,05) do controlo S2 (Figura 4.19). A $OD_{600}$ das culturas contendo 2KW, 2Cip e 2KWCip foram significativamente diferentes entre si a p≤0,05.

### 4.5.3.8  Atividade de 2R, cloranfenicol, ciprofloxacina, 2RC e 2RCip em S2

Verificou-se uma diminuição significativa (p≤0,05) nas densidades ópticas das culturas de *Salmonella* infectadas e/ou tratadas com os fagos 2R, 2C e 2RC em comparação com o controlo S2, mas verificou-se uma alteração na sétima hora em que a densidade ótica do 2RC começou a aumentar e

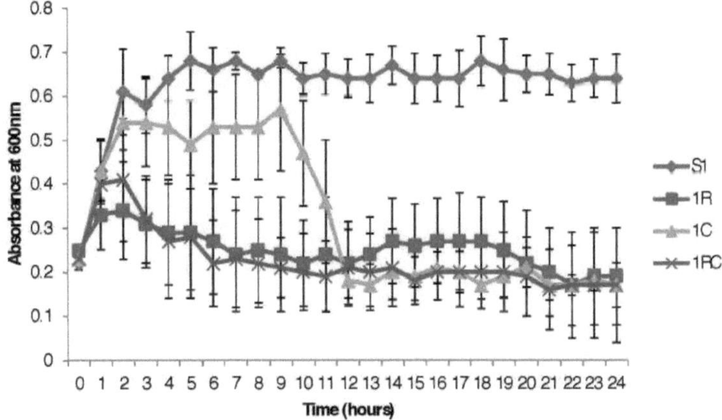


Figura 4.12:   Desenvolvimento da densidade ótica (DO) da cultura de controlo não infetada (S1) e das culturas paralelas infectadas/tratadas com 1R, cloranfenicol e ambos. Os dados representam a média ± erro padrão.

Chave:

S1 - Cultura de controlo não infetada/não tratada de espécies de *Salmonella*

1R - Cultura de espécies de *Salmonella* infectadas com o fago 1R

1C - Cultura de espécies de *Salmonella* tratadas com cloranfenicol

1RC - Cultura de espécies de *Salmonella* infectadas e tratadas com o fago 1R e Cloranfenicol

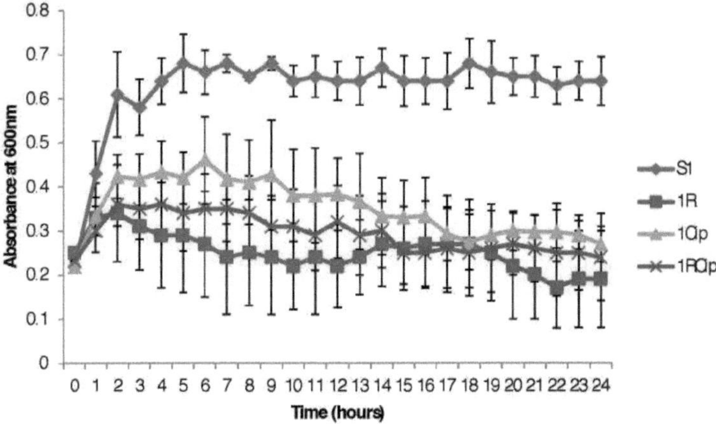

Figura 4.13:  Desenvolvimento da densidade ótica (DO) da cultura de controlo não infetada (S1) e das culturas paralelas infectadas/tratadas com 1R, ciprofloxacina e ambos. Os dados representam a média ± erro padrão.

Chave:

S1 - Cultura de controlo não infetada/não tratada de espécies de *Salmonella*

1R - Cultura de espécies de *Salmonella* infectadas com o fago 1R

1Cip - Cultura de espécies de *Salmonella* tratadas com ciprofloxacina

1RCip - Cultura de espécies de *Salmonella* infectadas e tratadas com o fago 1R e Ciprofloxacina

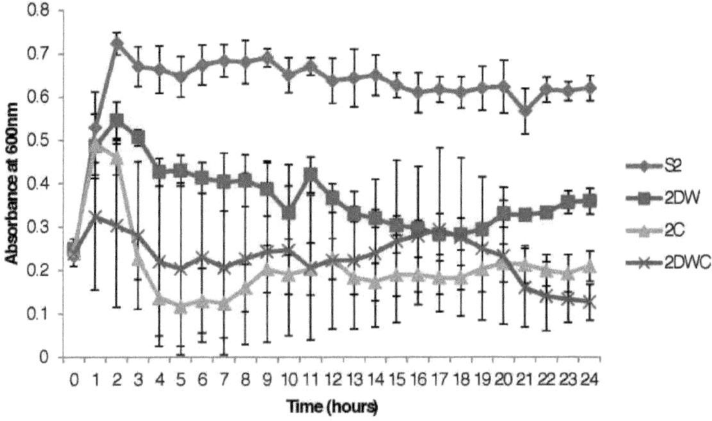

Figura 4.14:  Desenvolvimento da densidade ótica (DO) da cultura de controlo não infetada

84

(S2) e das culturas paralelas infectadas/tratadas com 2DW, cloranfenicol e ambos. Os dados representam a média ± erro padrão.

Chave:

S2 - Cultura de controlo não infetada/não tratada de *Salmonella* Pullorum

2DW - Cultura de *Salmonella* Pullorum infetada com o fago 2DW

2C - Cultura de *Salmonella* Pullorum tratada com cloranfenicol

2DWC - Cultura de *Salmonella* Pullorum infetada e tratada com fago 2DW e cloranfenicol

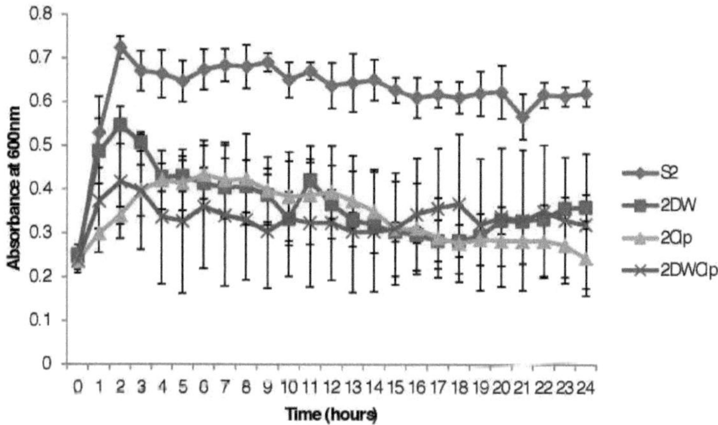


Figura 4.15:    Desenvolvimento da densidade ótica (DO) da cultura de controlo não infetada (S2) e das culturas paralelas infectadas/tratadas com 2DW, ciprofloxacina e ambos. Os dados representam a média ± erro padrão.

Chave:

S2 - Cultura de controlo não infetada/não tratada de *Salmonella* Pullorum

2DW - Cultura de *Salmonella* Pullorum infetada com o fago 2DW

2Cip - Cultura de *Salmonella* Pullorum tratada com ciprofloxacina

2DWCip - Cultura de *Salmonella* Pullorum infetada e tratada com fago 2DW e ciprofloxacina

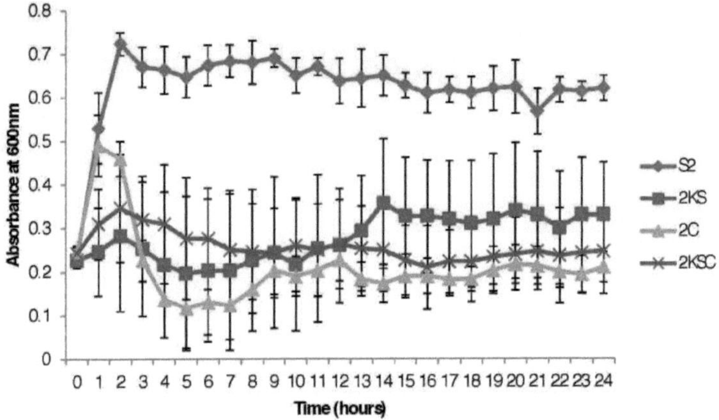



Figura 4.16:   Desenvolvimento da densidade ótica (DO) da cultura de controlo não infetada (S2) e das culturas paralelas infectadas/tratadas com 2KS, cloranfenicol e ambos. Os dados representam a média ± erro padrão.

Chave:

S2 - Cultura de controlo não infetada/não tratada de *Salmonella* Pullorum

2KS - Cultura de *Salmonella* Pullorum infetada com o fago 2KS

2C - Cultura de *Salmonella* Pullorum tratada com cloranfenicol

2KSC - Cultura de *Salmonella* Pullorum infetada e tratada com o fago 2KS e com cloranfenicol

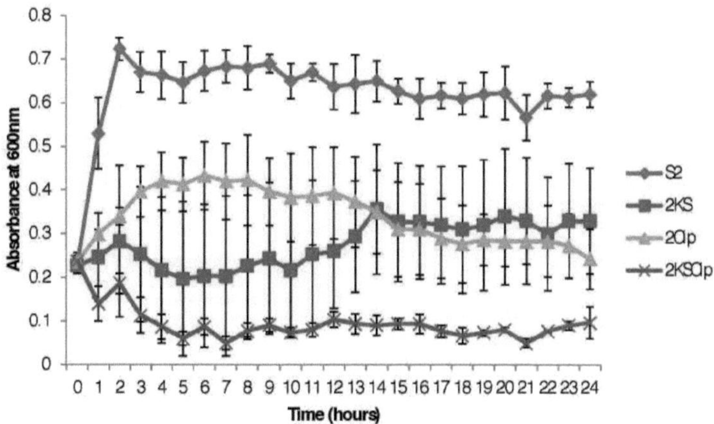


Figura 4.17:    Desenvolvimento da densidade ótica (DO) da cultura de controlo não infetada (S2) e das culturas paralelas infectadas/tratadas com 2KS, ciprofloxacina e ambos. Os dados representam a média ± erro padrão.

Chave:

S2 - Cultura de controlo não infetada/não tratada de *Salmonella* Pullorum

2KS - Cultura de *Salmonella* Pullorum infetada com o fago 2KS

2Cip - Cultura de *Salmonella* Pullorum tratada com ciprofloxacina

2KSCip - Cultura de *Salmonella* Pullorum infetada e tratada com o fago 2KS e a ciprofloxacina

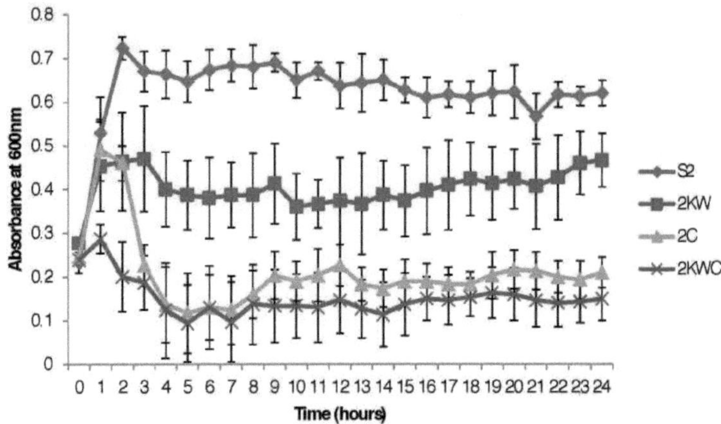


Figura 4.18:  Desenvolvimento da Densidade Ótica (DO) da cultura de controlo não infetada (S2) e das culturas paralelas infectadas/tratadas com 2KW, Cloranfenicol e ambos. Os dados representam a média ± erro padrão.

Chave:

S2 - Cultura de controlo não infetada/não tratada de *Salmonella* Pullorum

2KW - Cultura de *Salmonella* Pullorum infetada com o fago 2KW

2C - Cultura de *Salmonella* Pullorum tratada com cloranfenicol

2KWC - Cultura de *Salmonella* Pullorum infetada e tratada com o fago 2KW e com cloranfenicol

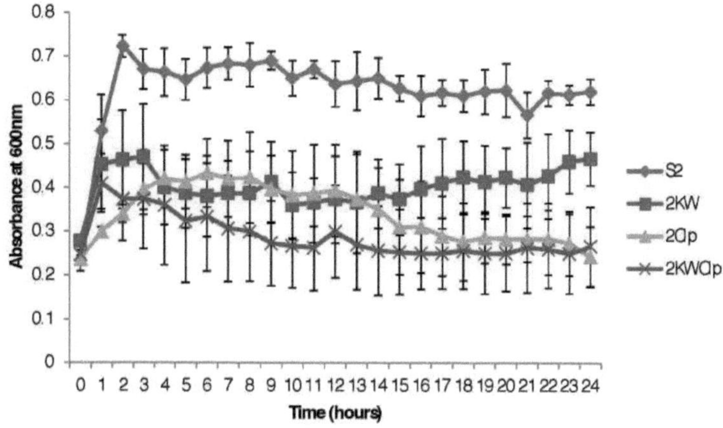


Figura 4.19: Desenvolvimento da densidade ótica (DO) da cultura de controlo não infetada (S2) e das culturas paralelas infectadas/tratadas com 2KW, ciprofloxacina e ambos. Os dados representam a média ± erro padrão.

Chave:

S2 - Cultura de controlo não infetada/não tratada de *Salmonella* Pullorum

2KW - Cultura de *Salmonella* Pullorum infetada com o fago 2KW

2Cip - Cultura de *Salmonella* Pullorum tratada com ciprofloxacina

2KWCip - Cultura de *Salmonella* Pullorum infetada e tratada com o fago 2KW e a
ciprofloxacina

superou mesmo o controlo na 17.ª hora e continuou a aumentar de forma constante acima do controlo, como se pode ver na Figura 4.20. A $OD_{600}$ de 2R não foi significativamente diferente da de 2C, mas ambas foram significativamente diferentes da de 2RC a $p \leq 0,05$. As densidades óticas das culturas tratadas ou infetadas com 2R, 2Cip e 2RCip também foram significativamente diferentes ($p \leq 0,05$) da de S2, como se mostra na Figura 4.21. A $p \leq 0,05$, a $OD_{600}$ de 2Cip foi significativamente diferente das de 2R e 2RCip que, por sua vez, não foram significativamente diferentes entre si.

89

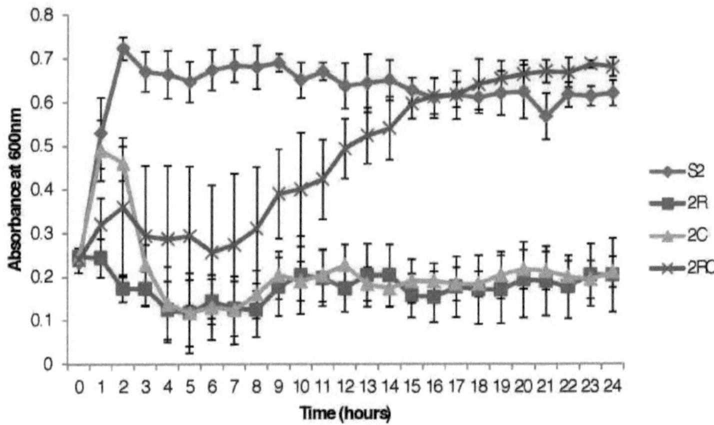


Figura 4.20:    Desenvolvimento da densidade ótica (DO) da cultura de controlo não infetada (S2) e das culturas paralelas infectadas/tratadas com 2R, cloranfenicol e ambos. Os dados representam a média ± erro padrão.

Chave:

S2 - Cultura de controlo não infetada/não tratada de *Salmonella* Pullorum

2R - Cultura de *Salmonella* Pullorum infetada com o fago 2R

2C - Cultura de *Salmonella* Pullorum tratada com cloranfenicol

2RC - Cultura de *Salmonella* Pullorum infetada e tratada com fago 2R e cloranfenicol

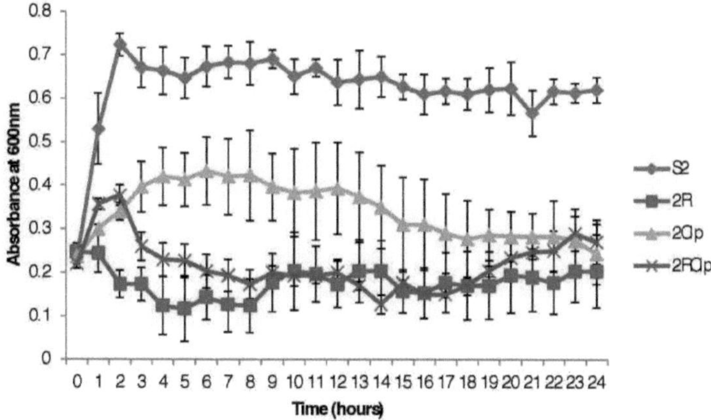


Figura 4.21:  4.21: Desenvolvimento da densidade ótica (DO) da cultura de controlo não infetada (S2) e das culturas paralelas infectadas/tratadas com 2R, ciprofloxacina e ambos. Os dados representam a média ± erro padrão.

Chave:

S2 - Cultura de controlo não infetada/não tratada de *Salmonella* Pullorum

2R - Cultura de *Salmonella* Pullorum infetada com o fago 2R

2Cip - Cultura de *Salmonella* Pullorum tratada com ciprofloxacina

2RCip - Cultura de *Salmonella* Pullorum infetada c tratada com fago 2R e ciprofloxacina

# CAPÍTULO 5

                                    **DISCUSSÃO**

O isolamento de *Salmonella* Pullorum de ovo (Amostra 7) e fezes humanas (Amostras 4 e 8)
mostra a possibilidade de ser zoonótica. Uma vez que o seu hospedeiro é restrito, considera-se
que representa um risco negligenciável para a saúde humana (McCullough e Eisele, 1951; Hoelzer
*et al.*, 2011). A sua transmissão ao ser humano pode dever-se ao consumo de alimentos
contaminados, de ovos e ovoprodutos crus/mal cozinhados ou ao contacto/manuseamento
inadequado de vectores contaminados, especialmente entre os avicultores. É provável que tenha
entrado no ovo através da transmissão transovariana (vertical) (Shivaprasad, 2000; FAO/OMS,
2002; Anderson *et al.*, 2006) ou da transmissão transcasca (horizontal) (ACMSF, 2001;
FAO/OMS, 2002). A espécie de *Salmonella* isolada das fezes humanas (Amostra 2) poderia
também ser de origem zoonótica, uma vez que não é *Salmonella* Typhi nem *Salmonella* Paratyphi
e, por conseguinte, não é de origem humana.

As placas formadas após o ensaio de manchas e placas indicam a presença de fago lítico nas
células bacterianas hospedeiras. Também indica a presença de bacteriófagos virulentos contra
espécies de *Salmonella* e *Salmonella* Pullorum no sistema de drenagem da universidade, na
barragem de Kwanan Kurmi e no solo das quintas em redor da barragem. Isto está de acordo com
muitas publicações, como as de Filho *et al.* (2007), Hungaro *et al.* (2013), Akthar *et al.* (2014) e
Piracha *et al.* (2014), em que o ensaio de manchas e placas foi a principal ferramenta de
isolamento, deteção e determinação do espetro lítico de bacteriófagos virulentos de algumas
bactérias provenientes de fontes como feses de galinhas, fossas de estrume de bovinos e suínos,
águas residuais, efluentes residuais e lamas de esgotos. A redução drástica na contagem de fagos
do fago 2KW ao minuto 60 pode dever-se ao facto de, no momento específico do ensaio, antes
de o meio solidificar, a maioria das partículas de fago se encontrar na fase infecciosa no interior
das células hospedeiras. Este padrão e as diferenças nos padrões das curvas indicam que o tempo
de rebentamento dos bacteriófagos varia.

O aumento contínuo do título do fago com o tempo indica o aumento da produção de fagos descendentes que, por sua vez, infectam mais células bacterianas à medida que a lise das células bacterianas continua. Esta capacidade de auto-replicação é um dos factores que confere aos bacteriófagos uma vantagem sobre os antibióticos (Cerveny *et al.*, 2002). A dinâmica de replicação de cada fago no seu hospedeiro indica uma diminuição razoável do hospedeiro na presença do respetivo fago em 24 horas.

A diminuição da densidade ótica (OD600) foi considerada como sendo devida à atividade lítica do fago no seu hospedeiro. Embora, estatisticamente, o fago de referência tenha tido um melhor desempenho do que os outros fagos em S1 e S2, exceto 1DW, que teve uma ação semelhante a 1R; no entanto, todos foram muito activos contra os isolados *de Salmonella*. Isto demonstra a eficácia dos fagos *in vitro* como agentes antibacterianos biológicos contra espécies de *Salmonella* e *Salmonella* Pullorum. Os padrões antibacterianos dos fagos neste estudo são semelhantes a publicações anteriores, tais como Chibani-Chennoufi *et al.* (2004b), Atterbury *et al.* (2007), Synnott *et al.* (2009), Hungaro *et al.* (2013) e Piracha *et al.* (2014), que observaram tendências semelhantes (aumento do título de fago por contagens de fagos e diminuição significativa da DO) em vários isolados bacterianos tratados com fagos em comparação com os respectivos controlos não tratados.

As susceptibilidades dos dois isolados selecionados foram mais elevadas para a ciprofloxacina, seguida da ofloxacina e depois do cloranfenicol. Isto é semelhante à tendência registada em algumas publicações, tais como Antunes *et al.* (2003), Smith *et al.* (2009) e Abdullahi *et al.* (2014), onde se verificou que as Salmonellae eram totalmente ou quase totalmente susceptíveis a estes antibióticos. Os dois antibióticos com a atividade mais elevada foram escolhidos para estudos posteriores, mas uma vez que eram ambos flouroquinolonas, o antibiótico seguinte com a atividade mais elevada - cloranfenicol - foi utilizado para substituir a ofloxacina em estudos posteriores. A redução significativa da DO das culturas dos isolados tratados com cloranfenicol e ciprofloxacina em comparação com os controlos também indica a suscetibilidade dos isolados aos antibióticos, mesmo em meio líquido.

Considerando a redução significativa da $OD_{600}$ das culturas infectadas/tratadas em comparação com as culturas não infectadas/não tratadas como a atividade lítica dos fagos no hospedeiro e, do mesmo modo, os efeitos prejudiciais dos antibióticos no hospedeiro, deduziu-se que todos os bacteriófagos, os antibióticos e as combinações de fagos e antibióticos - exceto o 2RC - têm efeitos antibacterianos nas duas salmonelas utilizadas neste estudo.

As actividades observadas contra os isolados *de Salmonella* neste estudo pelos fagos isoladamente, pelos antibióticos isoladamente e pelas suas combinações foram divididas em cinco categorias;

1. Em alguns casos, como a comparação entre 2R e Ciprofloxacina, o fago sozinho teve um melhor efeito sobre o isolado em comparação com o antibiótico sozinho e a combinação de fago e antibiótico, tornando-o uma melhor opção como agente de biocontrolo contra o isolado,

2. Em alguns casos, como nas comparações entre 1R e cloranfenicol e 2KS e ciprofloxacina, a combinação de fago e antibiótico produziu efeitos sinérgicos, tornando a terapia combinada uma opção melhor do que o fago ou o antibiótico.
antibiótico sozinho,

3. Nalguns casos, como a comparação entre 1R e cloranfenicol e a combinação 1RC, o fago teve um efeito semelhante ou igual ao do antibiótico ou da combinação de ambos.

4. Entretanto, em casos como a comparação entre o 2KS e o cloranfenicol, o antibiótico provou ser um agente antibacteriano melhor do que o fago sozinho e a terapia combinada,

5. Um caso único - em que o fago isolado e o antibiótico isolado foram bons agentes antibacterianos, mas a terapia combinada (2RC) começou bem, mas depois excedeu o controlo em DO.

O fago 1DW, o antibiótico 1C e a sua combinação 1DWC tiveram todos bons efeitos observáveis em S1. Embora a $OD_{600}$ de 1DWC tenha começado a aumentar na décima sétima hora (possivelmente devido à contaminação por outro micróbio no processo de ensaio), estatisticamente o fago sozinho e a combinação de ambos foram melhores do que o cloranfenicol sozinho. Além disso, têm um grau de atividade semelhante. Para o mesmo fago e ciprofloxacina no mesmo isolado, a utilização de 1DW é a melhor opção para o controlo de S1 em comparação com a ciprofloxacina isolada e a combinação de ambas.

Os padrões de atividade do 1KS, do cloranfenicol e da combinação de ambos indicam que todos podem servir como agentes de controlo de S1. A combinação do fago com o antibiótico é estatisticamente a melhor opção para o controlo de S1. Do mesmo modo, a combinação do fago e da ciprofloxacina é uma melhor opção quando comparada com a ciprofloxacina ou o fago isoladamente. No caso do 1KW, as combinações do fago e de qualquer um dos antibióticos (1KWC e 1KWCip) têm melhores efeitos em comparação com o fago ou o antibiótico isoladamente. Para 1R em relação ao cloranfenicol e à ciprofloxacina, o fago isolado foi a melhor opção em comparação com cada antibiótico isolado ou com a combinação do fago e do respetivo antibiótico. A única exceção é no caso do 1R e do cloranfenicol, em que a terapia combinada - 1RC - é a melhor opção, embora o seu efeito não seja estatisticamente diferente do fago isolado que, por sua vez, não é significativamente diferente do antibiótico isolado.

No caso do 2DW, os antibióticos e as respectivas combinações podem servir como agentes de controlo para o S2, exceto o 2C e o 2DWC, que não são significativamente diferentes um do outro, e que são melhores opções do que o fago isolado. O fago, a ciprofloxacina e a combinação de ambos podem servir um objetivo semelhante sem grande diferença. Foi feita uma dedução diferente para o 2KS, o cloranfenicol e a combinação, em que o cloranfenicol é visto como uma melhor opção, embora tenha uma atividade próxima com a sua combinação com o fago 2KS. Como esperado e ao contrário dos resultados anteriores até agora - exceto no caso do 1R, do cloranfenicol e da sua combinação, a combinação do 2KS com a ciprofloxacina e a combinação do 2KW com cada antibiótico produzem efeitos sinérgicos que os tornam melhores agentes de controlo potenciais do que os fagos isoladamente ou os antibióticos isoladamente.

No caso do fago de referência em S2 -2R, observou-se uma peculiaridade em que a $OD_{600}$ da cultura infetada e tratada com a combinação de fago e cloranfenicol começou a aumentar num ponto e até exceder o controlo. A razão para este padrão é desconhecida, uma vez que não aconteceu no caso do fago sozinho ou do antibiótico sozinho, mas pode ser atribuída à resistência ao fago e ao antibiótico, que pode resultar de mutação ou adaptação da bactéria hospedeira à medida que a replicação continua devido a processos como a transdução, o desenvolvimento de genes resistentes e a perda de receptores e factores de colonização para o fago e o antibiótico (Mahony *et al.*, 2011; Piracha *et al.*, 2014). Isto pode ser um obstáculo à utilização desta abordagem para a terapia combinada e medidas de controlo. Os outros resultados para o 2R isolado e o cloranfenicol isolado mostram que qualquer um deles pode ser utilizado, uma vez que não existe uma diferença significativa entre eles. A utilização de 2R isoladamente ou em combinação com ciprofloxacina constitui uma melhor opção do que a utilização de ciprofloxacina isoladamente.

# CAPÍTULO 6

5.2      **CONCLUSÃO E RECOMENDAÇÕES**

## 6.1    Conclusão

*A Salmonella* Pullorum e *a Salmonella* Species isoladas ou obtidas a partir de ovos e de fontes humanas sugerem que são zoonóticas e podem ter um impacto económico negativo na indústria avícola, bem como um risco para a saúde humana, respetivamente.

Os bacteriófagos isolados e caracterizados a partir de águas residuais, barragens e solo confirmam a presença e abundância de fagos virulentos nesses locais.

O padrão de atividade dos fagos no seu respetivo hospedeiro *Salmonella* indica a capacidade dos fagos virulentos para lisar espécies de *Salmonella* e, por conseguinte, a sua utilização no controlo de espécies *de Salmonella*. Foram considerados como potenciais agentes de biocontrolo que podem ser utilizados contra agentes patogénicos como *a Salmonella* para medidas preventivas, terapêuticas e curativas nos domínios da alimentação, indústria, biossaneamento, agricultura, veterinária e medicina humana.

Com base nos resultados e nas deduções desta investigação, verificou-se que os fagos têm um desempenho semelhante ao dos antibióticos - e, em alguns casos, superior - no controlo das espécies de *Salmonella*. Também se verificou que são eficazes quer isoladamente quer em combinação com antibióticos. Por conseguinte, podem ser utilizados como alternativa aos antibióticos ou em combinação com antibióticos em caso de efeitos secundários adversos aos antibióticos, de resistência aos antibióticos, de restrições financeiras ao acesso aos antibióticos, etc.

O resultado deste estudo pode não refletir exatamente o que acontecerá *in vivo*, porque a dinâmica das interações fago-bactéria-ambiente *in vivo* pode ser diferente da *in vitro* devido à viscosidade da matriz intestinal (Weld *et* al., 2004), ao ambiente físico-químico complexo, às defesas do hospedeiro (Connerton e Connerton, 2005), ao estado metabólico do hospedeiro bacteriano *in vivo* (Chibani - Chennoufi *et al.,* 2004b), etc. Por conseguinte, há que ter cuidado quando os fagos

forem utilizados, uma vez que este não é um estudo conclusivo sobre a utilização segura de fagos.

Factores como a interação entre o hospedeiro do fago e os alimentos ou o ambiente, a viabilidade

e a segurança do fago devem ser compreendidos antes de uma utilização fiável.

### 6.2    Recomendações

Tendo em conta os resultados e as discussões obtidas com este estudo, recomendam-se as
seguintes medidas:

1. Os alimentos devem ser devidamente transformados/cozinhados antes de serem
   consumidos para evitar a infeção por organismos patogénicos como as espécies de
   *Salmonella.*

2. Devem ser tomadas precauções na utilização e manuseamento de objectos associados a
   alimentos e produtos alimentares, especialmente vegetais, carne, ovos, peixe e respectivos
   produtos.

3. As explorações avícolas devem ser objeto de um acompanhamento e de cuidados
adequados.

4. Sensibilização das massas sobre as medidas de prevenção contra a infeção por
   *Salmonella.*

5. A higiene pessoal (especialmente a lavagem das mãos) e a higiene ambiental são
   necessárias para reduzir a contaminação e a transmissão de agentes patogénicos.

6. Devem ser efectuados mais estudos a curto e a longo prazo sobre a atividade dos fagos *in
   vivo*, a biologia dos fagos, a biologia das enzimas líticas dos fagos, a engenharia dos fagos,
   a análise do genoma dos fagos, a emergência de mutantes resistentes ao hospedeiro
   bacteriano e a segurança dos consumidores sobre os bacteriófagos, a fim de melhor
   compreender e explorar o seu potencial como agentes de biocontrolo das espécies de
   *Salmonella.*

7. O equipamento necessário para a investigação no mundo dos bacteriófagos deve ser

disponibilizado prontamente nas instituições, a fim de melhorar a investigação sem problemas.

8. Deve ser utilizado um cocktail de diferentes fagos líticos no controlo da *Sa lmon ella* utilizando bacteriófagos para reduzir a resistência dos fagos pela *Sa lmonella*.

9. Para o biocontrolo de *Salmonella*, devem ser utilizados fagos virulentos e não indutores.

10. Os genes bacterianos virulentos conhecidos no genoma do fago devem ser verificados antes da sua utilização.

# REFERÊNCIAS


Abdullahi, B., Abdulfatai, K., Wartu, J.R., Mzungu, I., Muhammad, H.I.D. e Abdulsalam, A.O. (2014). Padrões de suscetibilidade aos antibióticos e caraterização de serotipos clínicos de *Salmonella* no Estado de Katsina, Nigéria. *Jornal Africano de Investigação Microbiológica*, *8*(9):915-921.

Abedon, S.T. e Thomas-Abedon, C. (2010). Farmacologia da terapia com fagos. *Biotecnologia Farmacêutica Atual*, *11*:28-47.

Abedon, S.T., Kuhl, S.J., Blasdel, B.G. e Kutter, E.M. (2011a) Phage treatment of human infections. *Bacteriophage, 1* (2):66-85.

Abedon, S.T., Thomas-Abedon, C., Thomas, A. e Mazure, H. (2011b). A pré-história dos bacteriófagos: Hankin, 1896, é ou não é uma referência de fago? *Bacteriophage*, *1*(3):174-178.

Ackermann, H.W. (2006). Classificação dos bacteriófagos. In: Calendar, R. (Ed). *The Bacteriophages*, Oxford University Press, Nova Iorque, pp 8-16.

Ackermann, H.W. (2007). 5500 fagos examinados ao microscópio eletrónico. *Arquivos de Virologia*, *152*(2):227-243.

Adams, M.H. (1959). *Bacteriófagos*. Interscience Publishers, Nova Iorque.

Adriaenssens, E.M., van Vaerenbergh, J., Vandenheuvel, D., Dunon, V., Ceyssens, P., De Proft, M., Kropinski, A.M., Noben, J., Maes, M. e Lavigne, R. (2012). Isolados de LIMEstone de bacteriófagos relacionados com o T4 para o controlo da podridão mole da batata causada por '*Dickeya solani*'. PLoS ONE, *7*(3).

Comité Consultivo para a Segurança Microbiológica dos Alimentos (2001). *Second Report on Salmonella in Eggs (Segundo relatório sobre Salmonella em Ovos)*. London: The Stationery Office.

Akahane, K., Sekiguchi, M., Une, T. e Osada, Y. (1989) Structure-epileptogenicity relationship of quinolones with special reference to their interaction with gamma-aminobutyric acid recetor sites. *Antimicrobial Agents and Chemotherapy, 33*:1704-1708.

Akhtar, M., Viazis, S. e Diez-Gonzalez, F. (2014). Isolamento, identificação e caraterização de bacteriófagos líticos e de ampla gama de hospedeiros de efluentes residuais contra sorovares de *Salmonella enterica*. *Controlo Alimentar, 38*:67-74.

Alisky, J., Iczkowski, K., Rapoport, A. e Troitsky, N. (1998). Os bacteriófagos são uma promessa como agentes antimicrobianos. *Journal of Infection, 36*(1):5-15.

Al-ledani, A.A., Khudor, M.H. e Oufi, N.M. (2014). Isolamento e identificação de *Salmonella* spp de explorações avícolas utilizando diferentes técnicas e avaliação das suas susceptibilidades antimicrobianas. *Basrah Journal of Veterinary Research, 1*(1):246-259.

Anderson, L.A., Miller, D.A e Trampel, D.W. (2006). Investigação epidemiológica, limpeza e erradicação da doença pullorum em galinhas e patos adultos em dois bandos de pequenas explorações. *Avian Diseases, 50*(1):142-147.

Anderson, T.F. e Doermann, A.H. (1952). O crescimento intracelular de bacteriófagos II. O crescimento de T3 estudado por desintegração sónica e por lise de células infectadas com cianeto de T6. *The Journal of General Physiology, 35*(4):657-667.

Andrews, W.H. e Hammack, T.S. (2001). *Salmonella. Food and Drug Administration Bacteriological Analytical Manual*, 8ª edição (actualizada), MD, EUA: AOAC

International.

Antunes, P., Reu, C., Sousa, J.C., Peixe, L. e Pestana, N. (2003). Incidência de *Salmonella* em produtos de aves e sua suscetibilidade a agentes antimicrobianos. *International Journal of Food Microbiology, 82*(2):97-103.

Atterbury, R.J., Connerton, P.L., Dodd, C.E., Rees, C.E. e Connerton, I.F. (2003). Isolamento e caraterização de bacteriófagos de *Campylobacter* a partir de aves de capoeira a retalho. *Applied and Environmental Microbiology, 69*(8):4511-4518.

Atterbury, R.J., Van Bergen, M.A.P., Ortiz, F., Lovell, M.A., Harris, J.A., Boer, D., Wagenaar, J.A., Allen,V.M. e Barrow P.A. (2007). Terapia com bacteriófagos para reduzir a colonização *por Salmonella* em frangos de carne. *Applied and Environmental Microbiology, 73*(14):4543-4549.

Badrinath, P., Sundkvist, T., Mahgoub, H. e Kent, R. (2004). Um surto de infeção por *Salmonella enteritidis* phage type 34a associado a um restaurante chinês em Suffolk, Reino Unido. *BMC Public Health*, **4**:40.

Bae, J.Y., Wu, J., Lee, H.J., Jo, E.J., Murugaiyan, S., Chung, E. e Lee, S.W. (2012). Potencial de biocontrolo de um bacteriófago lítico PE204 contra a murcha bacteriana do tomate. *Journal of Microbiology and Biotechnology, 22*(12):1613-1620.

Bahador, N., Baserisalehi, M. e Kapadruis, B.P. (2007). Application of Phages. *Research Journal of Microbiology, 2*(5):445-453.

Balbi, H. (2004). Chloramphenicol: A Review. *Pediatria em Revista, 25*:284-288.

Barclay, N. (1971). Alta frequência de espécies de *Salmonella* como causa de meningite neonatal em Ibadan, Nigéria. Uma análise de trinta e oito casos. *Ata Paediatrica Scandinavica, 60*(5):540-544.

Barrow, P. Lovell, M, e Berchieri, Jr, A. (1998). Utilização de bacteriófagos líticos para o controlo da septicemia e meningite experimental por *Escherichia coli* em galinhas e vitelos. *Clinical Diagnostics and Laboratory Immunolgy, 5*:294-298.

Barrow, P.A. e Soothill, J.S. (1997). Terapia e profilaxia com bacteriófagos: recuperação e avaliação renovada do potencial. *Tendências em Microbiologia, 5*(7):268-271.

Bayer, M.E., Thurow, H. e Bayer, M.H. (1979). Penetração da cápsula polissacárida de *Escherichia coli* (Bi161/42) pelo bacteriófago K29. *Virologia*, **94**(1):95-118.

Beach, J.R. e Davis, D.E. (1927). Acute infection in chicks and chronic infection of the ovaries of hens caused by the fowl typhoid organisms. *Hilgardia, 2*(12):411-424.

Beaudette, F.R. (1925). The possible transmission of fowl typhoid through the egg (A possível transmissão do tifo aviário através do ovo). *Journal of the American Veterinary Medical Association, 67*:741-745.

Beaudette, F.R. (1930). Tifo aviário e diarreia branca bacilar. *11º Congresso Veterinário Internacional*, 705-723.

Bedi, M.S., Verma, V. e Chhibber, S. (2009). A amoxicilina e o bacteriófago específico podem ser utilizados em conjunto para a erradicação do biofilme de *Klebsiella pneumoniae* B5055. *World Journal of Microbiology and Biotechnology, 25*:11451151.

Benett, P.M. e Howe, T.G.B. (1998). Bacterial and bacteriophage genetics. *Topley and Wilsons's Microbiology and Microbial Infections, 9*(2):231-286.

Benhar, I. (2001). Aplicações biotecnológicas da exposição de fagos e células. *Biotechnology Advances, 19*:1-33.

Berg, G. (1974). Remoção de vícios por tratamento de água e de águas residuais. In: Actas da [13ª] conferência sobre qualidade da água. *Vírus e qualidade da água: Occurrence and control*. Imprensa da Universidade de Illinois. Urbana, pp 126-136.

Bhunia, A.K. (2008). Agentes patogénicos microbianos de origem alimentar: Mechanisms and pathogenesis. Estados Unidos da América: Springer Science + Business Media, LLC.

Bischoff, A., Meier, C. e Roth, F. (1977). Gentamicin neurotoxicity (polyneuropathy-encephalopathy). *Schweizerische medizinische Wochenschrift, 107*:3-8.

Boratynska, M., Szewczyk, Z. e Weber-Da. browska, B. (1994). Kliniczna ocean bakteriofagow w leczeniu zakaz' ' en ukladu' moczowego. *Post Med Klin Dos'w 3*:7-11.

Borrego, J.J., Morinigo, M.A., De Vicente, A., Cornax, R. e Romero, P. (1987). Colifagos como indicador de poluição fecal na água. Sua relação com microrganismos indicadores e patogénicos. *Water Research*, **21**(12):1473- 1480.

Borysowski, J. e Gorski, A. (2008). A terapia com fagos é aceitável no hospedeiro imunocomprometido? *Jornal Internacional de Doenças Infecciosas, 12*:466471.

Bradbury, A. e Cattaneo, A. (1995). A utilização de phage display em neurobiologia. *Tendências em Neurociências*, **18**(6):243-249.

Bradbury, J. (2004). "O inimigo do meu inimigo é meu amigo". Usando fagos para combater bactérias. *Lancet, 363*:624-625.

Braden, C.R. (2006). *Salmonella enterica* serotipo Enteritidis e ovos: A national epidemic in the United States. *Clinical Infectious Diseases, 43*(4):512-517.

Brussow, H. (2012). Biofilmes *de Pseudomonas*, fibrose cística e fago: um revestimento de prata? *M Bio*, **3**(2):1-2.

Brussow, H., Canchaya, C. e Hardt, W.D. (2004). Phages and the evolution of bacterial pathogens: from genomic rearrangements to lysogenic conversion. *Microbiology and Molecular Biology Reviews, 68*(3):560-602.

Bruttin, A. e Brussow, H. (2005). Voluntários humanos que recebem *Escherichia coli* Phage T4 por via oral: um teste de segurança da terapia com fagos. *Antimicrobial Agents and Chemotherapy, 49*(7):2874-2878.

Bull, J.J., Levin, B.R., DeRouin, T., Walker, N. e Bloch, C.A. (2002). Dynamics of success and failure in phage and antibiotic therapy in experimental infections (Dinâmica do sucesso e fracasso na terapia com fagos e antibióticos em infecções experimentais). *BMC Microbiology, 2*:35-45.

Cairns, J., Stent, G.S. e Watson, J.D. (1966). *Phage and the Origins of Molecular Biology*. Cold Spring Harbor: Cold Spring Harbor Laboratory Press.

Cairns, J., Stent, G.S. e Watson, J.D. (1992). *Phage and the Origins of Molecular Biology*. Cold Spring Harbor Laboratory Press, Plainview. Nova Iorque.

Capparelli, R., Nocerino, N., Iannaccone, M., Ercolini, D., Parlato, M., Chiara, M. e Iannelli, D. (2010). Bacteriofagoterapia de *Salmonella enterica*: uma nova avaliação da bacteriofagoterapia. *The Journal of Infectious Diseases, 201*(1):52-61.

Carlton, R.M. (1999). Phage therapy: past history and future prospects. *Archivum Immunologiae et Therapiae Experimentalis, 47*(5):267-274.

Castillo, D., Higuera, G., Villa, M., Middelboe, M., Dalsgaard, I., Madsen, L. e Espejo, R. (2012). Diversidade de *Flavobacterium psychrophilum* e o uso potencial de seus fagos para proteção contra doenças bacterianas de água fria em salmonídeos. *Journal of Fish*

*Diseases, 35*(3)193-201.

Centro de Segurança Alimentar e Saúde Pública (2009). *Tifoide aviário e doença de Pullorum.* Faculdade de Medicina Veterinária, Universidade Estadual de Iowa, pp 1-5.

Centro de Controlo e Prevenção de Doenças (1997). Surtos de infecções por *Escherichia coli* 0157:H7 associadas à ingestão de rebentos de alfafa - Michigan e Virgínia, junho-julho de 1997. *Morbidity and Mortality Weekly Report, 46*:741744.

Centro de Controlo e Prevenção de Doenças (2004). Relatório do sistema nacional de vigilância de infecções nosocomiais. Resumo dos dados de janeiro de 1992 a junho de 2004. Publicado em outubro de 2004. *American Journal of Infection Control, 32*:470-485.

Cerca, N., Oliveira, R. e Azeredo, J. (2007). Suscetibilidade de células planctónicas e biofilmes de *Staphylococcus epidermidis* à ação lítica do bacteriófago K *de Staphylococcus.* *Letters in Applied Microbiology,* **45**(3):313-317.

Cerveny, K.E., DePaola, A., Duckworth, D.H. e Gulig, P.A. (2002). Terapia fágica da doença local e sistémica causada por *Vibrio vulnificus* em ratos tratados com ferro-dextrano. *Infection and Immunity, 70*(11):6251-6262.

Chalberg, T.W., Genise, H.L., Vollrath, D. e Calos, M.P. (2005). φC31 integrase confere integração genómica e expressão de transgene a longo prazo na retina de ratos. *Investigative Ophthalmology and Visual Science,* **46**(6):2140-2146.

Chan, B.K., Abedon, S.T. e Loc-Carrillo, C. (2013). Coquetéis de fagos e o futuro da terapia com fagos. *Future Microbiology, 8*(6):769-783.

Chanishvili, N. (2009) *A Literature Review of the Practical Application of Bacteriophages Research [Revisão da literatura sobre a aplicação prática da investigação sobre bacteriófagos].* Instituto Eliava de Bacteriófagos, Microbiologia e Virologia.

Cheesebrough, M. (2006). Prática Laboratorial Distrital em Países Tropicais. 2ª edição. Cambridge University Press, Nova Iorque.

Chhibber, S. e Kumari, S. (2012). Aplicação de fagos terapêuticos na medicina. *In:* Kurtboke, I. (ed). *Bacteriophages.* Intech, Croácia, pp 139-158.

Chibani-chennoufi, S., Bruttin, A., Dillman, M. e Brussow, H. (2004a). Interação fagohospedeiro: uma perspetiva ecológica. *Journal of Bacteriology, 186*(12):3677-3686.

Chibani-Chennoufi, S., Sidoti, J., Bruttin, A., Kutter, E., Sarker, S.A. e Brussow, H. (2004b). Actividades bacteriolíticas *in vitro* e *in vivo* de fagos *de Escherichia coli*: implicações para a terapia com fagos. *Antimicrobial Agents and Chemotherapy, 48*(7):2558-2569.

Chopra, I. (1997). A procura de agentes antimicrobianos eficazes contra bactérias resistentes a múltiplos antibióticos. *Antimicrobial Agents Chemotherapy, 41*:497-503.

Chow, K., Szeto, C.C., Hui, A.C. e Li, P.K. (2004). Mecanismos de neurotoxicidade dos antibióticos na insuficiência renal. *International Journal of Antimicrobial Agents,* **23**:213-217.

Church, D., Elsayed, S., Reid, O., Winston, B. e Lindsay, R. (2006). Burn wound infections. *Clinical Microbiology Reviews, 19*:403-434.

Clark, J.R. e March, J.B. (2004). Vírus bacterianos como vacinas humanas? Expert Rev. *Vaccines, 3*:463-476.

Clark, J.R. e March, J.B. (2006). Bacteriófagos e Biotecnologia: Vaccines, gene therapy and antibacterials. *Tendências em Biotecnologia, 24*(5):212-218.

Instituto de Normas Clínicas e Laboratoriais (2014). Normas de desempenho para testes de suscetibilidade antimicrobiana; Vigésimo quarto suplemento informativo. *Documento CLSI M100-S24*. Wayne, PA, EUA, **34**(1).

Clokie, M.R.J., Millard, A.D., Letarov, A.V. e Heaphy, S. (2011). Fagos na natureza. *Bacteriophage*, *1*(1):31-45.

Cohen, S.S. (1949). Growth requirements of bacterial viruses (Requisitos de crescimento dos vírus bacterianos). *Bacteriological Reviews*, *13*(1):1- 24.

Cole, D., Sharon, C.L. e Sobsey, M.D. (2003). Evaluation of F+ RNA and DNA coliphages as source specific indicators of fecal contaminationin surface waters. *Applied and Environmental Microbiology*, **69**(11):6507-6514.

Compassion in World Farming e Sociedade Mundial para a Proteção dos Animais (2013). *Zoonotic Diseases, Human Health and Farm Animal Welfare*, pp 115.

Connerton, P.L. e Connerton, I.F. (2005). Microbial treatments to reduce pathogens in poultry meat, In: Mead, G. (ed.), *Food safety control in the poultry industry*. Woodhead Publishing Ltd., Cambridge, pp 414-427.

Curtin, J.J. e Donlan, R.M. (2006). Utilização de bacteriófagos para reduzir a formação de biofilmes associados a cateteres por *Staphylococcus epidermidis*. *Antimicrobial Agents and Chemotherapy*, *50*(4):1268-1275.

D'Aoust, J. e Maurer, J. (2007). Espécies *de Salmonella*. In: Doyle, M.P. e Beuchat, L.R. (Eds). *Food microbiology: Fundamentals and frontiers*, ASM Press Washington DC, *3*:187-236.

D'Herelle, F. (1917). Sur un microbe invisible antagoniste des bacilles dysenteriques. *Comptes Rendus de l'Academie des Sciences*, *165*:373-375.

Davies, J. e Davies, D. (2010). Origens e evolução da resistência aos antibióticos. *Microbiology and Molecular Biology Reviews*, *74*(3):417-433.

Delbruck, M. (1940). O crescimento do bacteriófago e a lise do hospedeiro. *Journal of General Physiology*, *23*(5):643-660.

Ding, C. e He, J. (2010). Efeito dos antibióticos no ambiente sobre as populações microbianas. *Applied Microbiology and Biotechnology*, *87*(3):925-941.

Donlan, R.M. (2009). Preventing biofilms of clinically relevant organisms using bacteriophage (Prevenção de biofilmes de organismos clinicamente relevantes utilizando bacteriófagos). *Tendências em Microbiologia*, **17**(2):66-72.

Donlan, R.M. e Costerton, J.W. (2002). Biofilmes: mecanismos de sobrevivência de microrganismos clinicamente relevantes. *Clinical Microbiology Reviews*, **15**:167-193.

Doolittle, M.M., Cooney, J.J. e Caldwell, D.E. (1996). Tracing the interaction of bacteriophage with bacterial biofilms using fluorescent and chromogenic probes. *Journal of Industrial Microbiology*, **16**(6):331-341.

Doolittle, M.M., Cooney, J.J. e Caldwell, D.E. (1995). Infeção lítica de biofilmes *de Escherichia coli* pelo bacteriófago T4. *Canadian Journal of Microbiology*, **41**(1):12-18.

Dublanchet, A. e Fruciano, E. (2008). Uma breve história da terapia com fagos. *Medecine et maladies infectieuses*, *38*:415-420.

Duran, A.E., Muniesa, M., Moce-Llivina, L., Campos, C., Jofie, J. e Lucena, F. (2003). Utilidade de diferentes grupos de bacteriófagos como microrganismos modelo para avaliar a cloração. *Journal of Applied Microbiology*, *95*:1-29.

Erbeck, D.H., McLaughlin, B.G. e Singh. S.N. (1993). Doença de Pullorum com Sinais invulgares em dois bandos de galinhas de quintal. *Avian Diseases*, *37*:895-897.

Autoridade Europeia para a Segurança dos Alimentos (2010). Parecer científico sobre uma avaliação quantitativa do risco microbiológico de *Salmonella* em suínos para abate e reprodutores. *Jornal da AESA*, *8*:1547

Autoridade Europeia para a Segurança dos Alimentos (2014). Parecer científico sobre o cloranfenicol em géneros alimentícios e alimentos para animais. *Jornal da EFSA*, *12*(11):1-145.

Evans, W. M., Bruner, D.W. e Peckham, M.C. (1955). Blindness in chicks associated with salmonellosis (Cegueira em pintos associada à salmonelose). *Cornell veterinarian*, *45*:239-247.

Fernandes, S.A., Tavecchio, A.T., Ghiliardi, A.C., Dias, A.M., Almeida, I.A. e Melo, L.C. (2006). Sorovares *de Salmonella* isolados de humanos no Estado de São Paulo, Brasil, 1996-2003. *Revista do Instituto de Medicina Tropical de São Paulo*, *48*:179-184.

Filho, R.L.A., Higgins, J.P., Higgins, S.E., Gaona, G., Wolfenden, A.D., Tellez, G. e Hargis, B.M. (2007). Ability of bacteriophages isolated from different sources to reduce *Salmonella enterica* serovar Enteritidis *In Vitro* and *In Vivo*. *Poultry Science*, *86*:1904-1909.

Fiorentin, L., Vieira, N.D. e Barioni, W. (2005). O tratamento oral com bacteriófagos reduz a concentração de *Salmonella* Enteritidis PT4 no conteúdo cecal de frangos de corte. *Avian Pathology*, *34*(3):258-263.

Food and Drug Administration (2006). Aditivos alimentares autorizados para adição direta a alimentos para consumo humano; preparação de bacteriófagos. *Registo Federal*, *71*:47729-47731.

Organização das Nações Unidas para a Alimentação e a Agricultura/Organização Mundial de Saúde (2002). Microbiological risk assessment series no.1 risk assessments of *Salmonella* in eggs and broiler chickens. *Resumo interpretativo*.

Fortuna, W., Miedzybrodzki, R., Weber-Dabrowska, B. e Gorski, A. (2008). Terapia com bacteriófagos em crianças: Factos e Perspectivas. *Medical Science Monitor*, *14*(8):RA126-RA132.

Foster, R.A.C. (1948). Uma análise da ação da proflavina no crescimento de bacteriófagos. *Journal of Bacteriology*, *56*:795.

Frampton, R.A., Pitman, A.R. e Fineran, P.C. (2012). Avanços no controle mediado por bacteriófagos de patógenos de plantas. *Jornal Internacional de Microbiologia*, 2012:1-11

Fred, C.T. e John, E.M. (1998). Epidemiologia e biologia molecular da resistência antimicrobiana em bactérias. *Pathology of Emerging Diseases*, *2*:343-359.

Freitas, N.O.C., Penha, F.R.A.C., Barrow, P. e Berchieri, J.A. (2010). Fontes de salmonelose humana não tifoide: Uma revisão. *Revista Brasileira de Avicultura*, *12*(1):01-11.

Garda, P., Martinez, B., Obeso, J.M. e Rodriguez, A. (2008). Bacteriófagos e sua aplicação na segurança alimentar. *Cartas em Microbiologia Aplicada*, *47*(6):479- 485.

Gast, R.K. (2008). Infecções *por Salmonella*; Introdução. Em; Saif, Y.M., Fadly, A.M., Glisson, J.R., McDougald, L.R., Nolan, L.K. e Swayne, D.E. *Diseases of Poultry*. 12ª edição. Blackwell Publishing, p 619.

Geldenhuys, J.C. e Pretorius, P.D. (1989). The occurrence of enteric viruses in polluted water, correlation to indicator organisms and factors influencing their numbers. *Ciência e Tecnologia da Água*, *21*:105-109.

Gill, J. e Abedon, S.T. (2003). Ecologia de bacteriófagos e plantas. *Recurso APSnet.*

Gill, J.J. e Hyman, P. (2010). Escolha de fagos, isolamento e preparação para terapia com fagos. *Biotecnologia Farmacêutica Atual*, *11*:2-14.

Gill, J.J., Svircev, A.M., Smith, R. e Castle, A.J. (2003). Bacteriófagos de *Erwinia amylovora*. *Applied and Environmental Microbiology*, *69*:2133-2138.

Ginsburg, D.S. e Calos, M.P. (2005). Integração específica do local com φC31 integrase para expressão prolongada de genes terapêuticos. *Avanços em Genética*, **54**:179-187.

Godfrey A.J. & Bryan L.E. (1984) Resistência intrínseca e factores celulares completos que contribuem para a resistência aos antibióticos . In: Bryan, L.E. *Antimicrobial Drug Resistance*, pp 113-145.

Golkar, Z., Bagasra, O. e Pace. D.G. (2014). Terapia com bacteriófagos: uma solução potencial para a crise de resistência aos antibióticos. *J Infect Dev Ctries*, *8*(2):129- 136.

Goodridge, L.D. (2004). Biocontrolo de bacteriófagos em agentes patogénicos das plantas: facto ou ficção? *Tendências em Biotecnologia*, *22*:384-385.

Goodridge, L.D. (2010). Conceber terapêuticas de fagos. *Biotecnologia Farmacêutica Atual*, *11*(1):15-27.

Gorski, A., Borysowski, J., Miedzybrodzki, R. e WeberDabrowska, B. (2007). Bacteriófagos em medicina. In: McGrath, S. e van Sinderen, D. (Eds). *Bacteriophage: Genetics and Microbiology*. Norfolk, Reino Unido: Caister Academic Press, pp 125-158.

Graham, S.M., Molyneux, E.M., Walsh, A.L., Cheesbrough, J.S., Molyneux, M.E. e Hart, C.A. (2000). Infecções *por Salmonella* não tifoide em crianças na África tropical. *Pediatric Infectious Disease Journal*, *19*:1189-1196.

Gray, J.T. e Fedorka-Cray, P.J. (2002). *Salmonella*. In: Cliver, D.O. and Riemann, H.P. (Eds.). *Foodborne diseases*, pp 55-68.

Greer, G.C. (1986). Homologous bacteriophage control of *Pseudomonas* growth and beef spoilage. *Journal of Food Protection*, **49**:104-109.

Greer, G.C. e Dilts, B.D. (2002). Controlo da deterioração do tecido adiposo da carne de porco por *Brochotherix thermosphacata* utilizando bacteriófagos. *Journal of Food Protection*, **65**:861-863.

Griffiths, A.J.F., Wessler, S.R., Lewontin, R.C., Gelbart, W.M., Suzuki, D.T. e Miller, J.H. (2004). *An Introduction to Genetic Analysis*, 8th Edition, p 166.

Grill, M.F. e Maganti, R. (2008). Neurotoxicidade induzida por cefalosporina: manifestações clínicas, potenciais mecanismos patogénicos e o papel da monitorização electroencefalográfica. monitorização *electroencefalográfica. Anais de Farmacoterapia*, *42*(12):1843-1850.

Grill, M.F. e Maganti, R.K. (2011). Efeitos neurotóxicos associados ao uso de antibióticos: considerações de gestão. *British Journal of Clinical Pharmacology*, *72*(3):381-393.

Grimont, P.A.D. e Weill F.X. (2007). *Antigenic Formulae of the Salmonella Serovars*, 9th Edition. Centro de Colaboração da Organização Mundial de Saúde para Referência e Investigação sobre *Salmonella*. Institut Pasteur, Paris, França.

Groth, A.C. e Calos, M.P. (2004). Integrases de fagos: Biology and applications. *Journal of*

*Molecular Biology*, **335**(3):667-678.

Groth, A.C., Fish, M., Nusse, R. e Calos, M.P. (2004). Construção de *Drosophila* transgénica utilizando a integrase específica do local do fago φC31. *Genetics,* **166**:1775-1782.

Guelin, A., (1948). Etude quantitative des bacteriophages de la mer. *Amales de T Institut Pasteur, Paris*, **74**:104.

Gupta, R. e Prasad, Y. (2011). Eficácia do bacteriófago polivalente p-27/HP para controlar *Staphylococcus aureus* multirresistente associado a infecções humanas. *Current Microbiology*, **62**(1):255-260.

Hakko, E., Mete, B., Ozaras, R., Tabak, F., Ozturk, R. e Mert, A. (2005) Levofloxacin induced delirium. *Clinical Neurology and Neurosurgery*, **107**:158-159.

Hanes, D. (2003). *Salmonella* não tifoide. Em: Henegariu, O., Heerema, N.A., Dloughy, S.R., Vance, G.H. e Vogt, P.H. (Eds.). *International handbook of foodborne pathogens*, pp 137-149.

Hankin, E.H. (1896). "L'action bactericide des eaux de la Jumna et du Gange sur le vibrion du cholera" (em francês). *Annales de l'Institut Pasteur*, *10*:511-523.

Hanlon, G.W. (2007). Bacteriófagos: uma avaliação do seu papel no tratamento de infecções bacterianas. *Jornal Internacional de Agentes Antimicrobianos*, *30*:118128.

Hatfull, G.F. e Hendrix, R.W. (2011). Bacteriófagos e os seus genomas. *Opinião Atual em Virologia*, *1*(4):298-303.

Havelaar, A.H., Furuse, K. e Hageboom, W.M. (1993). Os bacteriófagos de ARN específicos de F são organismos modelo adequados para vírus entéricos em água doce. *Applied and Environmental Microbiology*, *59*:2956-2962.

Hawkins, C., Harper, D., Burch, D., Angga°rd, E. e Soothill, J. (2010). Tratamento tópico da otite *por Pseudomonas aeruginosa* em cães com uma mistura de bacteriófagos: um ensaio clínico antes/depois. *Veterinary Microbiology*, *146*(3- 4):309-313.

Held, P.K., Olivares, E.C., Aguilar, C.P., Finegold, M., Calos, M.P. e Grompe, M. (2005). Correção *in vivo* da tirosinemia hereditária murina tipo I por entrega de genes mediada por integrase φC31. *Molecular Therapy*, **11** :399-408.

Hemraj, V., Diksha, S. e Avneet, G. (2013). Uma revisão sobre o teste bioquímico comumente usado para bactérias. *Innovare Journal of Life Science*, *1*(1):1-7.

Hendriksen, R.S. (2003). Identificação de *Salmonella*, 4ª Ed. *Protocolos laboratoriais: Curso de Formação de Nível 1*. Global *Salmonella* Surveillance, p 1.

Hilton, M.C. e Stotzky, G. (1973). Use of coliphages as indicators of water pollution. *Canadian Journal of Microbiology*, *19*(6):747-751.

Hinshaw, W.R. (1930). Fowl typhoid of turkeys. *Medicina Veterinária*, *25*:514-517.

Hinshaw, W.R., Upp, C.W. e Moore. J.M. (1926). Studies on transmission of bacillary white diarrhoea in incubators (Estudos sobre a transmissão da diarreia branca bacilar em incubadoras). *Journal of the American Veterinary Association*, *68*:631-641.

Ho, K. (2001). Terapia com bacteriófagos para infecções bacterianas: reavivar uma memória da era pré-antibiótica. *Perspectivas em Biologia e Medicina*, *44*(1):1-16.

Hoelzer, K., Switt, A.I.M e Wiedmann, M. (2011). Contacto com animais como fonte de salmonelose humana não tifoide. *Investigação Veterinária*, *42*:34-62.

Hohmann, E.L. (2001). Nontyphoidal salmonellosis. *Clinical Infectious Disesase*, *32*:263-269.

Hollis, R.P., Stoll, S.M., Sclimenti, C.R., Lin, J., Chen-Tsai, Y. e Calos, M.P. (2003). Integrases de fagos para a construção e manipulação de mamíferos transgénicos. *Biologia Reprodutiva e Endocrinologia*, **1** :79.

Hsu, C.H., Lo, C.Y., Liu, J.K. e Lin, C.S. (2000). Controlo dos agentes patogénicos da enguia (*Anguilla japonica*), *Aeromonas hydrophila* e *Edwardsiella tarda*, por bacteriófagos. *Journal of the Fisheries Society of Taiwan*, *27*:21-31.

Hsu. F.C., Chang, A., Amante, A., Shieh, Y.S.C., Wait, D. e Sobsey, M.C. (1996). Distinguir a contaminação feacal humana da animal na água através da tipagem de colifagos de ARN específicos do sexo masculino. Conferência de Tecnologia da Água da AWWA.

Hungaro, H.M., Mendonça, R.C.S., Gouvea, D.M., Vanetti, M.C.D. e Pinto, C.L. (2013). Uso de bacteriófagos para reduzir *Salmonella* em pele de frango em comparação com agentes químicos. *Food Research International*, *52*:75-81.

Hyman, P. e Abedon, S.T. (2010). Gama de hospedeiros de bacteriófagos e resistência bacteriana. *Avanços em Microbiologia Aplicada*, *70*:217-248.

Hyman, P. e Abedon, S.T. (2015). *Bacteriófagos: Overview*. Elsevier Inc., pp 1-18.

IAWPRC Study Group on Health Related Water Microbiology (1991). Bacteriófagos como vírus modelo no controlo da qualidade da água. *Water Research*, **25**:529-545.

Ignoffo, C.M. e Garcia, C. (1992). Combinação de factores ambientais e luz solar simulada que afectam a atividade dos corpos de inclusão do vírus da nucleopoliedrose de Heliothis (lepidoptera: Noctuidae). *Environmental Entomology*, *21*(1):210-213.

Ikeda, H. e Tomizawa, J. (1965). Fragmento de transdução na transdução generalizada pelo fago P1. Origem molecular dos fragmentos. *Journal of Molecular Biology*, *14*(1):85-109.

Imbeault, S., Parent, S., Lagace, M., Uhland, C.F. e Blais, J.F. (2006). Using bacteriophages to prevent furunculosis caused by *Aeromonas salmonicida* in farmed brook trout. *Journal of Aquatic Animal Health*, *18*:203-214.

Inal, J.M. (2003). Phage Therapy: a Reappraisal of bacteriophages as antibiotics. *Archivum Immunologiae et Therapiae Experimentalis*, *51* :237-244.

Iriarte, F.B., Balogh, B., Momol, M.T., Smith, L.M., Wilson, M. e Jones, J.B. (2007). Factores que afectam a sobrevivência de bacteriófagos em superfícies de folhas de tomate. *Applied and* Environmental *Microbiology*, *73*:1704-1711.

Iriarte, F.B., Obradovic, A., Wernsing, M.H. et al. (2012). Entrega sistémica baseada no solo e propagação *in vivo* de bacteriófagos na filosfera: duas estratégias possíveis para melhorar a persistência de bacteriófagos para o controlo de doenças das plantas. *Bacteriophage*, *2*(4):215-224.

Irving, W., Ala'Aldeen, D. e Boswell, T. (2005). *Medical Microbiology*. Taylor and Francis, Nova Iorque, pp 137-138.

Isaacs, S., Aramini, J., Ciebin, B., Farrar, J.A., Ahmed, R., Middleton, D., Chandran, A.U., Harris, L.J., Howes, M., Chan, E., Pichette, A.S., Campbell, K., Gupta, A., Lior, L.Y., Pearce, M., Clark, C., Rodgers, F., Jamieson, F., Brophy, I. e Ellis, A. (2005). Um surto internacional de salmonelose associado a amêndoas cruas contaminadas com um tipo raro de fago de *Salmonella* Enteritidis. *Jornal de Proteção Alimentar*, **68**:191-198.

Isaacson, S.H., Carr, J. e Rowan, A.J. (1993). Epilepsia de estado parcial complexo induzida por ciprofloxacina que se manifesta como um estado confusional agudo. *Neurologia*, *43*:1619-1621.

Jassim, S.A.A e Limoges, R.G. (2014). Solução natural para a resistência aos antibióticos: bacteriófagos 'The Living Drugs'. *Jornal Mundial de Microbiologia e Biotecnologia*, *30*(8):2153-2170.

Jepson, C.D. e March, J.B. (2004). O bacteriófago lambda é um veículo de entrega de vacinas de ADN altamente estável. *Vaccine*, *22*:2413-2419.

Jofre, J., Stewart, J.R. e Grabow, W.G. (2011). Métodos de fagos, In: Hagedorn, C. Blanch, A.R e Harwood, V.J. (eds.) *Microbial Source Tracking: Methods, Applications, and Case Studies*, 1ª edição. Springer, NY, EUA.

Johnson, D.C., David, M. e Goldsmith, S. (1992). Epizootiological investigation of an outbreak of pullorum disease in an integrated broiler operation. *Avian Diseases*, *36*(3):770-775.

Jones, J.B., Jackson, L.E., Balogh, B., Obradovic, A., Iriarte, F.B. e Momol, M.T. (2007). Bacteriófagos para o controlo de doenças das plantas. *Revisão Anual de Fitopatologia*, *45*:245-262.

Kayser, F.H., Bienz, K.A., Eckert, J. e Zinkernagel, R.M. (2005). *Medical Microbiology*. Thieme, Nova Iorque, p 283.

Keary, R., McAuliffe, O., Ross, R.P., Hill, C., Mahony, J.O. e Coffey, A. (2013). Bacteriófagos e suas endolisinas para o controlo de bactérias patogénicas. *FORMATEX*, pp 1028-1040.

Kesler, A., Goldhammer, Y., Hadayer, A. e Pianka, P. (2004). O resultado do pseudo tumor cerebri induzido pela terapia com tetraciclina. *Ata Neurologica Scandinavica*, *110*(6):408-411.

Kittler, S., Fischer, S., Abdulmawjood, A., Glu'nder. G. e Klein, G. (2013). Efeito da aplicação de bacteriófagos nas cargas de *Campylobacter jejuni* em bandos comerciais de frangos de corte. *Applied und Environmental Microbiology*, *79*(23):7525- 7533.

Kott, Y., Roze, N., Sperber, S. e Betzer, N. (1974). Bacteriófagos como indicadores de poluição viral. *Water Research*, *8*:165-171.

Kropinski, A.M. (2006). Terapia fágica - tudo o que é velho é novo de novo. *Jornal do Canadá de Doenças Infecciosas e Microbiologia Médica*, *17*(5):297-306.

Kruger, D.H., Schneck, P. e Gelderblom, H.R. (2000). Helmut Ruska and the visualisation of viruses. *Lancet*, *355*:1713-1717.

Krylov, V.N. (2001). A fagoterapia em termos de genética de bacteriófagos: esperanças, perspectivas, segurança, limitações. *Genetika*, *37*:869-87.

Kumari, S., Harjai, K. e Chhibber, S. (2011). Bacteriófago versus agentes antimicrobianos para o tratamento da infeção de feridas de queimaduras em murinos causada por *Klebsiella pneumoniae* B5055. *Jornal de Microbiologia Médica*, *60*:205210.

Kummerer, K. (2003). Significance of antibiotics in the environment (Significado dos antibióticos no ambiente). *Journal of Antimicrobial Chemotherapy*, *52*:5-7.

Kushner, J.M., Peckman, H.J. e Snyder, C.R. (2001). Convulsões associadas às fluoroquinolonas. *Anais de Farmacoterapia*, *35*:1194-1198.

Kutateladze, M. e Adamia, R. (2010). Bacteriófagos como potenciais novas terapêuticas para substituir ou complementar os antibióticos. *Tendências em Biotecnologia*, *28*(12):591- 595.

Kutter, E. e Sulakvelidze, A. (2005). *Bacteriófagos: Biology and Applications*. CRC Press, Nova

Iorque, pp 1-46.

Kutter, E., De Vos, D., Gvasalia, G., Alavidze, Z., Gogokhia, L., Kuhl, S. e Abedon, S.T. (2010). Terapia fágica na prática clínica: tratamento de infecções humanas. *Biotecnologia Farmacêutica Atual, 11* :69-86.

Kysela, D.T. e Turner, P.E. (2007). Taxas óptimas de mutação de bacteriófagos para terapia com fagos. *Journal of Theoretical Biology, 249*:411-421.

Lambert, P.A. (1998). Mecanismos de ação dos antibióticos. In: Hugo, W.B. e Russell, A.D. (Eds). *Pharmaceutical Microbiology*, 6ª edição. Blackwell Science Ltd, pp 162-180.

Langlet, J., Ogorzaly, L., Schrotter, J.C., Machinal, C., Gaboriaud, F., Duval, J.F.L. e Gantzer, C. (2009). Eficiência da remoção do fago MS2 e do fago Qb por filtração por membrana no tratamento de água: aplicabilidade do método RT-PCR em tempo real. *Journal of Membrane Science, 326*:111-116.

Lazareva, E.B., Smirnov, S.V., Khvatov, V.B., Spiridonova, T.G., Bitkova, E.E., Darbeeva, O.S., Maiskaia, L.M., Parfeniuk, R.L. e Men'shikov, D.D. (2001). Eficácia da utilização do bacteriófago no tratamento complexo de pacientes com feridas de queimaduras. *Antibiotiki i khimioterapiia, 46*:10-14.

Lenski, R.E. (1988). Dinâmica das interações entre bactérias e bacteriófagos virulentos. *Avanços em Ecologia Microbiana, 10*:1-44.

Leverentz, B., Conway, W.S., Alavidze, Z., Janisewics, W.J., Fuchs, Y., Camp, M.J., Chighladze, E. e Sulakvelisze, A. (2001). Exame do bacteriófago como método de biocontrolo de *Salmonella* em fruta fresca: um estudo modelo. *Journal of Food Protection, 64*:1116-1121.

Leverentz, B., Conway, W.S., Camp, M.J., Janisiewicz, W.J., Abuladze, T., Yang, M,, Saftner, R. e Sulakvelidze, A. (2003a). Biocontrolo de *Listeria monocytogenes* em produtos frescos cortados por tratamento com bacteriófagos líticos e uma bacteriocina. *Applied and Environmental Microbiology, 69*:4519-4526.

Leverentz, B., Conway, W.S., Janisiewicz, W. e Camp, M.J. (2004). Otimização da concentração e do tempo de aplicação de um spray de fago para reduzir *Listeria monocytogenes* em tecido de melão. *Jornal de Proteção Alimentar, 67*:1682-1686.

Leverentz, B., Janisiewica, W. e Conway, W.S. (2003b). Biological control of minimally processed fruits and vegetable. *Microbial Safety of Minimally Processed Foods*, 1ˢᵗ edition. Boca Raton, FL: CRC Press.

Lewis, M.J. (1989). A genética da resistência. In: Greenwood, D. *Antimicrobial Chemotherapy*, 2ª edição, Oxford: Oxford University Press, pp 146-152.

Loc-Carrillo, C. e Abedon, S.T. (2011). Prós e contras da terapia com fagos. *Bacteriophage. 1*(2):111-114.

Loongyai, W., Promphet, K., Kangsukul, N. e Noppha, R. (2010). Deteção de *Salmonella* na casca do ovo e no conteúdo do ovo de diferentes sistemas de alojamento para galinhas poedeiras. *Jornal Internacional de Engenharia Biológica, Biomolecular, Agrícola, Alimentar e Biotecnológica, 4*(5):232-234.

Lopez, S. e Arias, C. (2010). Como os vírus sequestram a maquinaria endocítica. *Nature Education, 3*(9):16-23.

Lu, T.K. e Collins, J.J. (2007). Dispersão de biofilmes com bacteriófagos enzimáticos projectados. *Actas da Academia Nacional de Ciências*, EUA **104**:11197-11202.

Lu, T.K. e Koeris, M.S. (2011). A próxima geração de terapia com bacteriófagos. *Opinião Atual em Microbiologia, 14*:524-531.

Lucena, F. e Jofre, J. (2010). Potential use of bacteriophages as indicators of water quality and wastewater treatment processes, in Sabour, P.M and Griffiths M.W. (eds), *Bacteriophages in the Control of Food and Waterborne Pathogen*, ASM Press, New York

Lucena, F., Mendez, X., Moron,A., Caleron, E., Campos, C., Guerrero, A., Cardenas, M., Cantzer, C., Shwartzbrood, L., Skraber, S. e Jofre, J. (2003). Ocorrência e densidades de bacteriófagos propostos como indicadores e indicadores bacterianos em águas de rios da Europa e da América do Sul. *Journal of Applied Microbiology, 94*:808-815.

Luria, S.E, Delbruck, M. e Anderson, T.F. (1943). Estudos ao microscópio eletrónico de vírus bacterianos. *Journal of Bacteriology, 46*:57-77.

Luria, S.E. e Anderson, T.F. (1942). A identificação e caraterização de bacteriófagos com o microscópio eletrónico. *Proceedings of the National Academy of Sciences, 28*:127-130.

Lwoff, A., Siminovitch, L. e Kjeldgaard, N. (1950). *Annales de l'Institut Pasteur , 79*:815.

Madigan, M.T., Martinko, J.M. e Parker, J. (1997). *Brock's Biology of Microorganisms*, 8th edition. Prentice Hall Inc New Jersey, pp 432, 799, 869, 916, 971-978.

Madigan, M.T., Martinko, J.M. e Parker, J. (2000). Brock biology of microorganisms, 9th Edition. Prentice Hall Upper Saddle River, NJ, EUA, pp 749-771.

Mahony, J., Auliffe, O.M., Ross, R.P. e Sinderen, D. (2011). Bacteriófagos como agentes de biocontrolo de agentes patogénicos alimentares. *Opinião Atual em Biotecnologia, 22*:157-163.

Makowski, L. (1994). Exposição de fagos: Estrutura, montagem e engenharia do bacteriófago filamentoso M13. *Current Biology*, 4:225-230.

Malik, R. e Chhibber, S. (2009). Proteção com bacteriófagos K01 contra a infeção letal da ferida de queimadura induzida por *K. pneumoniae* em ratos. *Journal of Microbiology Immunology and Infection, 42*:134-140.

Marco, M.B., Moineau, S. e Quiberoni, A. (2012). Bacteriófagos e fermentações lácteas. *Bacteriophage, 2*(3):149-158.

Markoishvili, K., Tsitlanadze, G., Katsarava, R., Morris, J.G. e Sulakvelidze, A. (2002). Uma nova matriz de libertação sustentada baseada em poli(éster amida) biodegradável e impregnada com bacteriófagos e um antibiótico mostra-se promissora na gestão de úlceras de estase venosa infectadas e outras feridas de cicatrização deficiente. *Jornal Internacional de Dermatologia, 41*(7):453-458.

Masurekar, P. (2009). Produção de antibióticos. In: Schaechter, M. (ed). *Encyclopedia of Microbiology*. 3ª Edição. Elsevier Inc.

Mathur, M.D., Vidhani, S. e Mehndiratta, P.L. (2003). Bacterioterapia com bacteriófagos: uma alternativa aos antibióticos convencionais. *JAPI, 51*:593-596

Matsuzaki, S., Rashel, M., Uchiyma, J., Sakurai, S., Ujihara, T., Kuroda, M., Ikeuchi, M., Fujieda, M., Wakiguchi, J. e Imai, S. (2005). Terapia com bacteriófagos: uma terapia revitalizada contra doenças infecciosas bacterianas. *Journal of Infection and Chemotherapy, 11*:211-219.

Mayahi, M., Sharma, R.N. e Maktabi, S. (1995). Um surto de cegueira em pintos associado à infeção por *Salmonella* Pullorum. *Indian Veterinary Journal, 72*:922-925.

McCullough, N.B. e Eisele, C.W. (1951). Salmonelose humana experimental. IV. Patogenicidade de estirpes de Salmonella Pullorum obtidas de ovos inteiros secos por pulverização. *Journal of Infectious Diseases*, *89*(3):259-265.

McVay, C.S., Velasquez, M. e Fralick, J.A. (2007). Terapia fágica da infeção por *Pseudomonas aeruginosa* num modelo de ferida de queimadura de rato. *Antimicrobial Agents and Chemotherapy*, *51*(6):1934-1938.

Meng, J., Doyle, M.P., Zhao, T. e Zhao, S. (2007). *Escherichia coli* entero-heamorrágica. *Microbiologia alimentar: Fundamentals and Frontiers.* ASM Press Washington DC, *3*:249-259.

Merabishvili, M., Pirnay, J., Verbeken, G., Chanishvili1, N., Tediashvili1, M., Lashkhi1, N., Glonti1, T., Krylov, V., Mast, J., Parys, L., Lavigne, R., Volckaert, G., Mattheus, W., Verween, G., Corte, P., Thomas, R., Jennes, S., Zizi, M., De Vos, D. e Vaneechoutte, M. (2009). Produção em pequena escala, com controlo de qualidade, de um cocktail de bacteriófagos bem definido para utilização em ensaios clínicos em seres humanos. *PLoS ONE*, *4*(3):1-10.

Merrett, H., Pattinson, C., Stackhouse, C. e Cameron, S. (1989). In: Wheeler, D., Richardson, M. e Bridges, J. (Eds.). Watershed 89: The Future of Water Quality in Europe. Pergamon Press, Oxford, Inglaterra, *2*:345-351.

Middelboe, M., Chan, A.M. e Bertelsen, S.K. (2010). Isolamento e caraterização do ciclo de vida de vírus líticos que infectam bactérias heterotróficas e cianobactérias. *In*: Wilhelm, S.W., Weinbauer, M.G. e Suttle, C.A. (eds) *Manual of Aquatic Viral Ecology*, pp 118-133.

Miedzybrodzki, R., Fortuna, W., Weber-Dabrowska, B. e Gorski, A. (2007). A terapia fágica de infecções estafilocócicas (incluindo MRSA) pode ser menos dispendiosa do que o tratamento com antibióticos. *Postqpy Higieny i Medycyny Doswiadczalnej* (*Avanços em Higiene e Medicina Experimental*), *61*:461-465.

Molyneux, E.M., Walsh, A.L., Malenga, G., Rogerson, S. e Molyneux, M.E. (2000). *Salmonella* meningitis in children in Blantyre, Malawi, 1996-1999. *Anais de Pediatria Tropical*, *20*:41-44.

Montville, T.J. e Chikindas, L.M. (2007). Biopreservação de alimentos. *Microbiologia alimentar: Fundamentals and Frontiers.* ASM Press Washington DC, *3*:745-764.

Montville, T.J. e Matthews, K.R. (2008). Food microbiology: An introduction, 2nd edition. Estados Unidos da América: ASM Press, Washington.

Morel, C. e Mossialos, E. (2010). Stoking the antibiotic pipeline. *BMJ, 340*:11151118.

Murray, P.R., Rosenthal, K.S. e Pfaller, M.A. (2009). *Medical Microbiology*, 6th edition. Philadelphia, PA; Mosby Elsevier, p 307.

Nagai, T. (2012). Bacteriófagos de *Bacillus subtilis* (natto) e sua contaminação em fábricas de Natto. In: Kurtboke, I. (ed) *Bacteriophages*. Intech, Croácia, pp 95-110.

Nakai, T. e Park, S.C. (2002). Terapia com bacteriófagos de doenças infecciosas em aquacultura. *Investigação em Microbiologia, 153*(1):13-18.

Nelson, D.C. (2014). Classificação de fagos para o século 21. Em: Rohwer, F., Youle, M., Maughan, H. e Hisakawa, N. (eds). *Life in our phage world: a centennial field guide to the Earth's most diverse inhabitants*, 1st edition. Wholon, San Diego, pp (1-8)-(1-19).

Novikova, N.I. e Simarov, B.V. (1990). Competitividade de bactérias nodulares de alfafa na presença de bacteriófagos. *Ciências Agrícolas Soviéticas*, *6*:3032.

O'Flaherty, S., Ross, P.R. e Coffey, A. (2009). Bacteriófagos e suas lisinas para a eliminação de bactérias infecciosas. *FEMS Microbiology Reviews, 33*(4):801-819.

O'Neil, K.T., DeGrado, W.F., Mousa, S.A., Ramachandran, N. e Hoess, R.H. (1994). Identificação de sequências de reconhecimento de moléculas de adesão utilizando a tecnologia de exposição de fagos. *Methods in Enzymology*, **245**:370-386.

Oda, M., Morita, M., Unno, H. e Tanji, Y. (2004). Deteção rápida de *Escherichia coli* O157:H7 utilizando o bacteriófago PP01 marcado com a proteína fluorescente verde. *Applied and Environmental Microbiology*, **70**:527-534.

Oliveira, A., Sereno, R. e Azeredo, J. (2010). Avaliação da eficácia *in vivo* de um cocktail de fagos no controlo da colibacilose grave em condições de confinamento e aviários experimentais. *Veterinary microbiology, 146*(3-4):303.

Orlova, E.V. (2012). Bacteriófagos e sua organização estrutural. *In*: Kurtboke, I. (Ed). *Bacteriófagos*. Intech, Croácia, pp 3-30.

Pang, T., Bhutta, Z.A., Finlay, B.B. e Altwegg, M. (1995). Febre tifoide e outras salmoneloses - um desafio contínuo. *Tendências em Microbiologia, 3*:253255.

Paradelis, A.G., Triantaphyllidis, C. e Giala, M.M. (1980). Atividade de bloqueio neuromuscular de antibióticos aminoglicosídeos. *Methods and Findings in Experimental and Clinical Pharmacology, 2*:45-51.

Park, S.C. e Nakai, T. (2003). Controlo por bacteriófagos da infeção por *Pseudomonas plecoglossicida* no ayu *Plecoglossus altivelis. Doenças de Organismos Aquáticos, 53*:33-39.

Park, S.C., Shimamura, I., Fukunaga, M., Mori, K.I. e Nakai, T. (2000). Isolamento de bacteriófagos específicos de um agente patogénico de peixes, *Pseudomonas plecoglossicida*, como candidato ao controlo de doenças. *Applied and Environmental Microbiology, 66*:1416-1422.

Parry, C.M. (2006). Aspectos epidemiológicos e clínicos da febre tifoide humana. In: Mastroeni, P. e Maskell, D. (Eds). *Salmonella* Infections: Clinical, Immunological and Molecular Aspects. Cambridge University Press, Nova Iorque, pp 1- 24.

Payment, P. (2002). Cultivo e ensaio de vírus animais. *Manual of Environmental Microbiology*. ASM Press Washington, *2*:84-91.

Perepanova, T.S., Darbeeva, O.S., Kotliarova, G.A., Kondrat'eva, E.M., Maiskaia, L.M., Malysheva, V.F., Baiguzina, F.A. e Grishkova, N.V. (1995). A eficácia das preparações de bacteriófagos no tratamento de doenças urológicas inflamatórias. *Urologica e Nefrologica, 5*:14-17.

Petrenko, V.A. e Vodyanoy, V.J. (2003). Phage display para a deteção de agentes de ameaça biológica. *Journal of Microbiological Methods, 53*(2):253-262.

Petty, N.K., Evans, T.J., Fineran, P.C. e Salmond, G.P.C. (2006). Biotechnological exploitation of bacteriophage research (Exploração biotecnológica da investigação sobre bacteriófagos). *Tendências em Biotecnologia, 25*(1):7- 15.

Piracha, Z.Z., Saeed, U., Khurshid, A. e Chaudhary, W.N. (2014). Isolamento e caraterização parcial de fago virulento específico contra *Pseudomonas aeruginosa. Jornal Global de Investigação Médica, 14*(1):1-9.

Popoff, M.Y. e Minor, L. (2001). *Fórmulas antigénicas dos serovares de Salmonella*, 8ª ed., Paris. Paris: Centro de Colaboração da OMS para Referência e Investigação sobre *Salmonella*.

Potera, C. (2013) Renascimento dos fagos: nova esperança contra a resistência aos antibióticos.

*Environmental Health Perspectives*, *121*(2):48-53.

Power, E.G.M. (1998). Resistência bacteriana aos antibióticos. In: Hugo, W.B. e Russell, A.D. (Eds). *Pharmaceutical Microbiology*, 6ª edição. Blackwell Science Ltd, pp 181-200.

Prins, J.M., Deventer, S.J., Kuijper, E.J. e Speelman, P. (1994). Clinical relevance of antibiotic-induced endotoxin release (Relevância clínica da libertação de endotoxina induzida por antibióticos). *Antimicrobial Agents and Chemotherapy*, *38*:1211-1218.

Pui, C.F., Wong, W.C., Chai, L.C., Tunung, R., Jeyaletchumi, P., Noor Hidayah, M.S., Ubong, A., Farinazleen, M.G., Cheah, Y.K. e Son, R. (2011a). *Salmonella*: Um agente patogénico de origem alimentar. *Jornal Internacional de Investigação Alimentar*, *18*:465-473.

Pui, C.F., Wong, W.C., Chai, L.C., Nillian, E., Ghazali, F.M., Cheah, Y.K., Nakaguchi, Y., Nishibuchi, M. e Radu, S. (2011b). Deteção simultânea de *Salmonella* spp., *Salmonella* Typhi e *Salmonella* Typhimurium em frutas fatiadas usando PCR multiplex. *Controlo Alimentar*, *22*:337-342.

Pyle, N.J. (1926). The bacteriophage in relation to *Salmonella* Pullorum infection in the domestic fowl. *Journal of Bacteriology*, *12*:245-261.

Quiberoni, A., Suarez, V.B., Binetti, A.G. e Reinheimer, J.A. (2011). Bacteriófagos. In: Fuquay. J., Fox, P. e McSweeney, P. (eds.) *Encyclopedia of Dairy Science*, *1*(2):430-438.

Ren, Z.J., Lewis, G.K., Wingfield, P.T., Locke, E.G., Steven, A.C. e Black, L.W. (1996). Fago exposição de domínios intactos em elevado número de cópias: Um sistema baseado em SOC, a pequena proteína do capsídeo externo do bacteriófago T4. *Protein Science*, **5**(9):1833-1843.

Rhoads, D.D., Wolcott, R.D., Kuskowski, M.A., Wolcott, B.M., Ward, L.S. e Sulakvelidze, A. (2009). Terapia bacteriófaga de úlceras de perna venosas em humanos: resultados de um ensaio de segurança de fase I. *Journal of Wound Care*, *18*(6):237- 243.

Rice, L.B. (2008). Financiamento federal para o estudo da resistência antimicrobiana em agentes patogénicos nosocomiais: não ao ESKAPE. *Journal of Infectious Diseases*, *197*(8):1079-1081.

Roberts, R.J., Vincze, T., Posfai, J. e Macelis, D. (2003), REBASE: Restriction enzymes and methyl transferases. *Nucleic Acids Research*, **31**:418-420.

Rohwer, F. e Edwards, R. (2002). The phage proteomic tree: a genome-based taxonomy for phage. *Journal of Bacteriology*, *184*:4529-4535.

Rohwer, F., Youle, M., Maughan, H. e Hisakawa, N. (2014). *Life in our phage world: a centennial field guide to the Earth's most diverse inhabitants*, 1st edition. Wholon, San Diego, pp xiv-xv.

Romero, J., Feijoo, C.G. e Navarrete, P. (2012). Antibióticos em aquacultura - Uso, abuso e alternativas. *Saúde e Ambiente em Aquacultura,* pp 159198.

Roy, B., Ackermann, H.W., Pandian, S., Picard, G. e Goulet, J. (1993). Biological inactivation of adhering *Listeria monocytogenes* by listeria phages and a quaternary ammonium compound. *Microbiologia Aplicada e Ambiental*, **59**:2914-2917.

Ruska, H. (1940). Die Sichtbarmachung der bakteriophagen Lyse im Ubermikroskop. *Naturwissenschaften*, *28*:45-46.

Russell, A.D. e Chopra, I. (1996). Understanding antibacterial action and resistance. Londres: Ellis Horwood.

Ryan, E.M., Gorman, S.P., Donnelly, R.F. e Gilmore, B.F. (2011). Recent advances in bacteriophage therapy: how delivery routes, formulation, concentration and timing influence the success of phage therapy. *Jornal de Farmácia e Farmacologia*, *63*:1253-1264

Safe food (2010). O problema da resistência antimicrobiana na cadeia alimentar, pp 1-134.

Samsygina, G.A. e Boni, E.G. (1984). Bacteriófagos e terapia com fagos na prática pediátrica. *Paediatria*, *4*:67-70.

Sandeep, K. (2006). Medicamento de precisão bacteriófago contra infecções bacterianas. *Current Science*, *90*:361-363.

Saphra, I. e Winter, J.W. (1957). Clinical manifestations of salmonellosis in man; an evaluation of 7779 human infections identified at the New York *Salmonella* Center. *New England Journal of Medicine*, *256*(24):1128-1134.

Sasahara, K.C., Gray, M.J., Shin, S.J. e Boor, K.J. (2004). Deteção de *Mycobacterium avium* subsp. *paratuberculosis* viável utilizando sistemas repórter de luciferase. *Foodborne Pathogens and Diseases*, 1(4):258-66.

Scarpino, P.V. (1978). Indicadores de bacteriófagos. In: *Indicadores de vírus na água e nos alimentos*. Berg, G. (Ed.). Ann. Arbor MI: Ann. Arbor Science Publishers, pp 108-201.

Schnabel, E.L. e Jones, A.L. (2001). Isolamento e caraterização de cinco bacteriófagos *de Erwinia amylovora* e avaliação da resistência a fagos em estirpes de *Erwinia amylovora*. *Applied and Environmental Microbiology*, *67*:59-64.

Schnabel, E.L., Fernando, G.D., Jackson, L.L., Meyer, M.P. e Jones, A.L. (1998). Bacteriófagos de *Erwinia amylovora* e seu potencial para biocontrolo. *Ata Horticulturae*, *489*:649-654.

Settler, R.E. (1984). Colifagos como indicadores de enterovírus. *Applied and Environmental Microbiology*, *48*:668-670.

Sharma, M., Patel, J., Conway, W.S., Ferguson, S. e Sulakvelidge, A. (2009). Eficácia dos bacteriófagos na redução de *Escherichia coli* 0157:H7 em melões e alfaces recém-cortados. *Journal of Food Protection*, *72*:14811485.

Sharma, M., Ryu, J.H. e Beuchat. L.R. (2005). Inativação de *Escherichia coli* 0157:H7 em biofilmes de aço inoxidável por tratamento com um produto de limpeza alcalino e um bacteriófago. *Journal of Applied Microbiology*, *99*:449-459.

Sharon, P.N., Aitken, M.D e Sobsey, M.D. (2006). Colifagos específicos de machos como indicadores de inativação térmica de agentes patogénicos em biossólidos. *Applied and Environmental Microbiology*, **72**:2471-2475.

Sheng, H., Knecht, H.J., Kudva, I.T. e Hovde, C.J. (2006). Application of bacteriophage to control intestinal *Escherichia coli 0157:H7* levels in ruminants. *Applied and Environmental Microbiology*, *72*:5359-5366.

Shirasaki, N., Matsushita, T., Matsui, Y., Kobuke, M. e Ohno, K. (2009b). Comparação do desempenho de remoção de dois substitutos para vírus patogénicos transmitidos pela água, bacteriófago Qb e MS2, num sistema de microfiltração de coagulação-cerâmica. *Journal of Membrane Science*, **326**:564-571.

Shirasaki, N., Matsushita, T., Matsui, Y., Urasaki, T. e Ohno, K. (2009a). Comparação dos comportamentos de dois substitutos para vírus patogénicos transportados pela água, bacteriófagos Qb e MS2, durante o processo de coagulação do alumínio. *Water Research*, **43**:605-612.

Shivaprasad, H.L. (2000). Fowl typhoid and pullorum disease. *Revue Scientifique Et Technique De L'oie*, *19*(2):405-424.

Shivaprasad, H.L. e Barrow, P.A. (2008). Infecções *por Salmonella*; Introdução. Em: Saif, Y.M., Fadly, A.M., Glisson, J.R., McDougald, L.R., Nolan, L.K. e Swayne, D.E. (Eds). *Diseases of Poultry*, 12ª edição, Blackwell Publishing, pp 620-636.

Sidhu, S.S., Fairbrother, W.J. e Deshayes, K. (2003). Exploring protein-protein interactions with phage display. *Chembiochem*, **4**(1):14-25.

Sillankorva, S., Oliveira, R., Vieira, M.J., Sutherland, I. e Azeredo, J. (2004). Infeção por bacteriófago F SI de células planctónicas *de Pseudomonas fluorescens* versus biofilmes. *Biofouling*, **20**(3):133-138.

Simkova, A. e Cervenka, I. (1981). Colifagos como indicadores ecológicos de enterovírus em vários sistemas de água. *Boletim da Organização Mundial de Saúde*, **59**:611-618.

Simpson, J.M., Santo Domingo, J.W. e Reasoner, D.J. (2002). Microbial source tracking: state of the science. *Environmental Science and Technology*, **36**(24):5279-5288.

Sirinavin, S., Chiemchanya, S. e Vorachit, M. (2001). Infeção sistémica *por Salmonella* não tifoide em bebés normais na Tailândia. *Paediatric Infectious Disease Journal*, *20*(6):581-587.

Skurnik, M. e Strauch, E. (2006). Phage therapy: facts and fiction (terapia fágica: factos e ficção). *Jornal Internacional de Microbiologia Médica*, *296*(1):5-14

Skurnik, M., Pajunen, M. e Kiljunen, S. (2007). Biotechnological challenges of phage therapy (Desafios biotecnológicos da terapia com fagos). *Biotechnology* Letters, *29*(7):995-1003.

Slopek, S., Weber-Dabrowska, B., Dabrowski, M. e Kucharewicz-krukowska, A. (1987). Resultados do tratamento com bacteriófagos de infecções bacterianas supurativas nos anos 1981-1986. *Archivum Immunologiae et Therapiae Experimentalis* , *Ex 35*:569-583.

Smartt, A.E. e Ripp, S. (2011). Tecnologia de repórteres de bacteriófagos para deteção e deteção de alvos microbianos. *Analytical and Bioanalytical Chemistry*, *400*:991-1007.

Smith, G.P. (1985). Fago de fusão filamentosa: novos vectores de expressão que apresentam antigénios clonados na superfície do virião. *Science,* *228*:1315-1317.

Smith, H.W. e Huggins, M.B. (1982). Successful treatment of experimental *Escherichia coli* infections in mice using phage: Its general superiority over antibiotics. *Journal of General Microbiology*, *128*(2):307-318.

Smith, H.W. e Huggins, M.B. (1983). Eficácia dos fagos no tratamento da diarreia experimental *por Escherichia coli* em vitelos, leitões e cordeiros. *Journal of General Microbiology*, *129*:2659-2675.

Smith, S.I., Bamidele, M., Goodluck, H.A., Fowora, M.N., Omonigbehin, E.A., Opere, B.O. e Aboaba, O.O. (2009). Suscetibilidade antimicrobiana de salmonelas isoladas de manipuladores de alimentos e gado em Lagos, Nigéria. *Jornal Internacional de Investigação em Saúde*, *2*(2):189-193.

Snavely, S. e Hodges, G. (1984). A neurotoxicidade dos agentes antibacterianos. *Annals of Internal Medicine, *101*(1):92-104.

Sternberg, N. e Hoess, R.H. (1995). Apresentação de péptidos e proteínas na superfície do bacteriófago λ. *Actas da Academia Nacional de Ciências*, EUA, **92**(5):1609-13

Stone, R. (2002). Stalin's Forgotten Cure. *Science, *298*:728-731.

Stratton, C.W. (2003). Dead bugs don't mutate: susceptibility issues in the emergence of bacterial resistance (Os insectos mortos não sofrem mutações: questões de suscetibilidade na emergência de resistência bacteriana). *Emerging Infectious Disease*, **9**(1):10-16.

Suarez, V., Reinheimer, J. e Quiberoni, A. (2012). Bacteriófagos em plantas leiteiras. In: Quiberoni, A. e Reinheimer, J. (eds). *Bacteriófagos no processamento de produtos lácteos*, Nova Science Publishers, pp 53-78.

Sulakvelidze, A. (2001). Bacteriófagos como agentes terapêuticos. *Annals of Medicine*, **33**(8):507-509.

Sulakvelidze, A. e Barrow, P. (2005). Terapia fágica em animais e no agronegócio. Em; Kutter, E. e Sulakvelidze, A. (eds), *Bacteriophages Biology and Applications*, pp 335-380.

Sulakvelidze, A., Alavidze, Z. e Morris, J.G. (2001). Bacteriophage therapy. *Antimicrobial Agents and Chemotherapy*, **45**(3):649-659.

Summers, W.C. (1999). *Felix D'Herelle and the Origins of Molecular Biology.* Yale University Press, New Haven.

Summers, W.C. (2001). Bacteriophage therapy. *Revisão Anual de Microbiologia,* **55**(1):437-451

Summers, W.C. (2004). Investigação sobre bacteriófagos: início da história. Em: Kutter, E. e Sulakvelidze, A. (Eds.). *Bacteriophages*: Biology and Applications. CRC Press, pp 5-27.

Synnott, A.J., Kuang, Y., Kurimoto, M., Yamamichi, K., Hidetomo Iwano, H. e Tanji, Y. (2009). Isolamento de efluentes de esgotos e caraterização de novos bacteriófagos *de Staphylococcus aureus* com amplas gamas de hospedeiros e potentes capacidades líticas. *Applied and Environmental Microbiology*, **75**(13):4483-4490.

Tadesse, A. e Alem, M. (2006). *Medical Bacteriology*. Iniciativa de Formação em Saúde Pública da Etiópia, pp 30, 64, 82-84.

Takakusagi, Y., Kobayashi, S. e Sugawara, F. (2005). A camptotecina liga-se a um peptídeo sintético identificado por um ecrã de fago T7. *Bioorganic and Medicinal Chemistry Letters*, **15**(21):4850-4853.

Talaro, K.P. e Talaro, A. (2002). Foundations in Microbiology, 4ª Edição, McGraw-Hill Companies, pp 351-366,

Tan, D., Gram, L. e Middelboe, M. (2014). Vibriófagos e suas interações com o patógeno de peixes *Vibrio anguillarum. Microbiologia Aplicada e Ambiental, **80**:3128-3140.

Tanaka, H., Negishi, H. e Maeda, H. (1990). Controlo da murchidão bacteriana do tabaco por uma estirpe avirulenta de *Pseudomonas solanacearum* M4S e o seu bacteriófago. *Annals of Phytopathological Society of Japan*, **56**(2):243-246.

Thomas, J.A., Soddell, J.A. e Kurtboke, D.I. (2002). Fighting foam with phages? *Water Science and Technology*, **46**:511-553.

Thong, K., Puthucheary, S. e Pang, T. (1998). Surto de gastroenterite *por Salmonella enteritidis*: Investigation by Pulsed-Field Gel Electrophoresis. *Jornal Internacional de Doenças Infecciosas*, **2**:159-163.

Thyagarajan, B., Olivares, E.C., Hollis, R.P., Ginsburg, D.S. e Calos, M.P. (2001). Integração genómica específica do local em células de mamíferos mediada pelo fago φC31 m{ewase. *Molecular and Cellular Biology*, **21**(12):3926-3934.

Topley, W.W.C. e Wilson, G.S. (1929). *The Principles of Bacteriology and Immunity.* William Wood and Company, Nova Iorque, pp 224-233.

Toyoda, H., Kakutani, K., Ikeda, S., Goto, S., Tanaka, H. e Ouchi, S. (1991). Caracterização do ácido desoxirribonucleico do bacteriófago virulento e sua infectividade para a bactéria hospedeira, *Pseudomonas solanacearum*. *Journal of Phytopathology*, *131*:11-21.

Twort, F.W. (1915). Uma investigação sobre a natureza dos vírus ultramicroscópicos. *Lancet*, *189*:1241-1243.

Vaishnav, P. e Demain, A.L. (2009). Biotecnologia Industrial; Visão Geral. In: Schaechter, M. (Ed) *Encyclopedia of Microbiology*, 3ª Edição, Elsevier Inc.

Veiga-crespo, P., Barros-velazquez, J. e Villa, T.G. (2007). O que é que os bacteriófagos podem fazer por nós? *Comunicar a Investigação Atual e os Tópicos e Tendências Educacionais em Micobiologia Aplicada*. FORMATEX, pp 885-893.

Venegas-Francke, P., Fruns-Quintanal, M. e Oporto-Caroca, M. (2000). Neurite ótica bilateral causada por cloranfenicol. *Revue Neurologique, 31:699700*.

Verbeken, G., De Vos, D., Vaneechoutte, M. Merabishvili, M., Zizi, M., e Pirnay, J. (2007). O enigma regulamentar europeu da terapia com fagos. *Future Microbiology*, *2*(5):485-491.

Viazis, S., Akhtar, M., Feirtag, J., Brabban, A.D. e Diez-Gonzalez. (2011). Isolamento e caraterização de bacteriófagos líticos contra *Escherichia coli* enterohemorrágica. *Jornal de Microbiologia Aplicada, 110*:1323-1331.

Vinod, M., Shivu, M., Umesha, K., Rajeeva, B., Krohn, G., Karunasagar, I. e Karunasagar, I. (2006). Isolamento do bacteriófago *de Vibrio harveyi* com potencial para o biocontrolo da vibriose luminosa em ambientes de maternidade. *Aquaculture*, *255*:117-124.

Wall, S.K., Zhang, J., Rostagno, M.H. e Ebner, P.D. (2010). Terapia fágica para reduzir infecções *por Salmonella* antes do processamento em suínos de peso comercial. *Applied and Environmental Microbiology*, **76**(1):48-53.

Wallis, T.S. (2006). Especificidade do hospedeiro das infecções por *Salmonella* em espécies animais. Em; Mastroeni, P. e Maskell, D. (Eds). *Salmonella Infections: Clinical, Immunological and Molecular Aspects*. Cambridge University Press, Nova Iorque, pp 57-88.

Walter, M.H. (2003). Eficácia e durabilidade dos bacteriófagos *de Bacillus anthracis* utilizados contra esporos. *Journal of Environmental Health*, **66**:9-15.

Wang, L.F. e Yu, M. (2004). Identificação e descoberta de epítopos utilizando bibliotecas de exposição de fagos: aplicações no desenvolvimento de vacinas e diagnósticos. *Current Drug Targets*, *5*:1-15.

Watson, B.B. e Eveland, W.C. (1965). A aplicação do sistema de coloração fago-fluorescente anti-fago na identificação específica de *Listeria monocytogenes*. I. Especificidade da espécie e sensibilidade imunofluorescente do fago *de Listeria monocytogenes* observado em preparações de esfregaços. *Journal of Infectious Diseases, 115*:363-369.

Weber-Dabrowska, B., Mukzyk, M. e Gorski, A. (2000). Terapia bacteriófaga de infecções bacterianas: uma atualização da experiência do nosso instituto. *Archivum Immunologiae et Therapiae Experimentalis, Ex 48*:547-551.

Weld, R.J., Butts, C. e Heinemann, J.A. (2004). Modelos de crescimento de fagos e sua aplicabilidade à terapia com fagos. *Journal of Theoretical Biology, 227*:1-11.

Whichard, J.M., Sriranganathan, N. e Pierson, F.W. (2003). Supressão do crescimento de

*Salmonella* por variantes de tipo selvagem e de placas grandes do bacteriófago Felix O1 em cultura líquida e em salsichas de frango. *Journal of Food Protection*, **66**(2):220-225.

Whitman, W.B., Coleman, D.C. e Wiebe, W.J. (1998). Prokaryotes; the unseen majority. *Proceedings of the National Academy of Sciences*.USA, **95**:65786583.

Willats, W.G. (2002). Phage display: practicalities and prospects. *Plant Molecular Biology*, **50**(6):837-854.

Willey, M.J., Sherwood, L.M. e Woolverton, C.J. (2008). *Prescott, Harley and Klein's Microbiology,* 7th Edition. Mc Graw-Hill Companies Inc. Nova Iorque, pp 418-428, 558-559, 581, 850-851, 868-869, 899-900, 968-970, 980-987.

Willey, M.J., Sherwood, L.M. e Woolverton, C.J. (2009). *Prescott's Principles of Microbiology,* Mc Graw-Hill Companies Inc., Nova Iorque, pp 95-100. Nova Iorque, pp 95-100.

Winter, G., Griffiths, A.D., Hawkins, R.E. e Hoogenboom, H.R. (1994). Produzindo anticorpos através da tecnologia de exposição de fagos. *Annual Review of Immunology*, **12**:433-455.

Withey, S., Cartmell, E., Avery, L.M. e Stephenson, T. (2005). BacteriófagoPotencial para processos de tratamento de águas residuais. *Science of the Total Environment, 339*(1-3):1-18

Wittebole, X., De Roock, S. e Opal, S.M. (2014). Uma visão histórica da terapia com bacteriófagos como alternativa aos antibióticos para o tratamento de patógenos bacterianos. *Virulence, 5*(1):226-235.

Wommack, K.E. e Colwell, R.R. (2000). Virioplâncton, pp. vírus em ecossistemas aquáticos. *Microbiology and Molecular Biology Reviews, 64*:69-114.

Woodland, J. (2004). Bacteriologia. *Manual de Procedimentos Laboratoriais da NWFHS.* 2nd Edição, pp 1-16.

Organização Mundial da Saúde (2014). Resistência antimicrobiana: Relatório global sobre vigilância. Organização Mundial da Saúde, Suíça. pp 1- 232.

Wray, C. e Wray, A. (2000). *Salmonella* in domestic animals. CAB International, Wallingford, Oxon, Reino Unido.

Wright, A., Hawkins, C.H., A" ngga°rd E.E. e Harper, D.R. (2009). Ensaio clínico controlado de uma preparação terapêutica de bacteriófagos na otite crónica devida a Pseudomonas *aeruginosa* resistente a antibióticos ; um relatório preliminar de eficácia. *Clinical Otolaryngology, 34*(4):349-357.

Yamada, T. (2012). Bacteriófagos de *Ralstonia solanacearum*: A sua diversidade e utilização como agentes de biocontrolo na agricultura. In: Kurtboke, I. (ed). *Bacteriophages.* Intech, Croácia, pp 113-138.

Yao, J.D.C. e Moellering, R.C. (1995). Agentes antimicrobianos. *Manual de Microbiologia Clínica, 7*:1474-1504.

Youle, M. (2014a). O ciclo de vida dos fagos: Porquê tantos genes? Em: Rohwer, F., Youle, M., Maughan, H. e Hisakawa, N. (eds). *Life in our phage world: a centennial field guide to the Earth's most diverse inhabitants.* 1ª edição. Wholon, San Diego, pp (1-2)-(1-4).

Youle, M. (2014b). O ciclo de vida dos fagos: Por que ser temperado? Em; Rohwer, F., Youle, M., Maughan, H. e Hisakawa, N. (eds) *Life in our phage world: a centennial field guide to the Earth's most diverse inhabitants.* 1ª edição. Wholon, San Diego, pp (1-5)-(1-7).

Yousef, A.E. e Carlstrom, C. (2003). *Salmonella.* In: Yousef, A.E. e Carstrom, C. (Eds.). *Food microbiology: A laboratory manual*, New Jersey: John Wiley & Sons, Inc, pp 167-205.

Zinder, N.D. e Lederberg, J. (1952). Genetic exchange in *Salmonella. Journal of Bacteriology*, *64*(5):679-699.

# APÊNDICE I: CARACTERÍSTICAS PRESUNTIVAS DOS ISOLADOS TÍPICOS DE SALMONELA

| S/N | Sample ID | Selenite F Broth (T/C) | Colony Morphology | | | Biochemical Reaction | | | | | | | Triple Sugar Iron (TSI) reaction | | | |
|---|---|---|---|---|---|---|---|---|---|---|---|---|---|---|---|---|
| | | | SSA | XLD | BSA | Gram reaction | I | MR | VP | Cit | Mot | U | Slope | Butt | H₂S | Gas |
| 1 | 2 | NA | Colourless with black centre | Milky with black centre | White covered with metallic sheen | Short GNR | - | + | - | + | + | - | R | Y | + | + |
| 2 | 4 | NA | Colourless | Colourless | Brown | Short GNR | - | + | - | - | + | - | R | Y | - | + |
| 3 | 6 | + | Colourless | Red | Brown | Short GNR | - | + | - | - | - | - | R | Y | - | + |
| 4 | 7 | + | Colourless | No growth | White with brown centre | Short GNR | - | + | - | - | + | - | R | Y | - | + |
| 5 | 8 | NA | Colourless | Milky with black centre | White covered with metallic sheen | Short GNR | - | + | - | - | + | - | R | Y | + | + |
| 6 | 14 | NA | Colourless | Red | White covered with metallic sheen | Short GNR | - | - | + | + | + | - | R | Y | + | + |
| 7 | 19 | + | Colourless | Colourless | White | Short GNR | - | - | + | + | + | - | R | Y | - | + |
| 8 | 21 | + | Colourless | Red | White covered with metallic sheen | Short GNR | - | - | + | - | - | - | R | Y | + | - |
| 9 | 23 | + | Colourless with black colouration | Colourless | Brown | Short GNR | - | - | + | - | + | - | R | Y | + | - |
| 10 | 27 | + | Colourless with black colouration | Colourless | White covered with metallic sheen | Short GNR | - | - | + | - | - | + | Y | Y | + | - |
| 11 | 28 | + | Colourless with black colouration | Colourless | White | Short GNR | - | + | - | - | + | - | R | Y | + | - |
| 12 | 30 | + | Colourless | Colourless | White covered with metallic sheen | Short GNR | - | + | - | - | + | - | Y | Y | - | + |
| 13 | 33 | + | Colourless with black colouration | Colourless with black colouration | White covered with metallic sheen | Short GNR | - | + | - | - | + | - | R | Y | + | + |
| 14 | 34 | + | Colourless with black colouration | Colourless | White covered with metallic sheen | Short GNR | - | + | - | - | + | + | Y | Y | + | + |
| 15 | 38 | + | Colourless with black colouration | Colourless | White covered with metallic sheen | Short GNR | - | + | - | + | - | + | Y | Y | - | + |

Key:

Y – Yellow   R – Red   T – Turbidity   C – Colour change   MR – Methyl red   VP – Voges proskuaer   I – Indole   Cit – Citrate   Mot – Motility   SSA – *Salmonella-Shigella* Agar   BSA – Bismuth Sulfite Agar
XLD – Xylose Lysine Desoxycholate agar   GNR – Gram negative rods   U – Urease   + - positive   - - Negative   NA – Not applicable

# APÊNDICE II: TABELA DE REFERÊNCIA DO SUBSTRATO MICROGEN GN-A

| Well | Reaction | Description | Positive | Negative |
|---|---|---|---|---|
| 1 | Lysine | Lysine decarboxylase-Bromothymol blue changes to green /blue indicating the production of the amine cadaverine | Green/Blue | Yellow |
| 2 | Ornithine | Ornithine decarboxylase-Bromothymol blue changes to blue indicating the production of the amine putrescin. | Blue | Yellow/Green |
| 3 | $H_2S$ | $H_2S$ production- Thiosulphate is reduced to $H_2S$ that reacts with ferric salts producing a black precipitate | | |
| 4 | Glucose | Fermentation- Bromothymol blue changes from blue to yellow as a result of acid produced from the carbonhydrate fermentation | Yellow | Blue/ Green |
| 5 | Mannitol | | | |
| 6 | Xylose | | | |
| 7 | ONPG | Hydrolysis- ONPG hydrolysis by B-galactosidase results in the production of yellow ortho-nitrophenol | Yellow | Colourless |
| 8 | Indole | Indole is produced from tryptophan and gives a pink/red complex when Kovac's reagent is added. | Pink/Red | Colourless |
| 9 | Urease | Hydrolysis of urea results in the formation of ammonia leading to an increase in pH which turns phenol red from yellow to pink/red | V.Deep Pink | Straw to pale salmon pink colour |
| 10 | VP | Acetoin production from glucose is detected by the formation of a pink /red complex after the addition of alpha naphthol and creatine in the presence of KOH. | Deep Pink/ Red | Colourless to pale pink |
| 11 | Citrate | Utilisation of citrate (only carbon source) leading to a pH increase giving a colour change in bromothymol blue from green to blue | Blue | Yellow/ Pale Green |
| 12 | TDA | Indolepyruvic acid is produced from tryptophan by tryptophan deaminase giving a cherry red colour when ferric ions are added. Indole positive isolates may give a brown colour- this is a negative result | Cherry red | Straw colour |

# APÊNDICE III: IDENTIFICAÇÃO DE ISOLADOS UTILIZANDO O SISTEMA DE IDENTIFICAÇÃO MICROGEN Gn-A

| S/N | Isolate No (New No) | Lys | Orn | H₂S | Glu | Man | Xyl | O.N.P.G | Ind | Ure | V.P | Cit | T.D.A | Octal code | Identity | Percent probability (%) |
|---|---|---|---|---|---|---|---|---|---|---|---|---|---|---|---|---|
| 1 | 2(1) | + | + | + | + | + | + | - | - | - | - | + | - | 7702 | *Salmonella species* | 80.89 |
| 2 | 7(2) | + | + | + | + | + | + | - | - | - | - | - | - | 7700 | *Salmonella pullorum* | 66.15 |
| 3 | 4(3) | + | + | + | + | + | + | - | + | - | + | - | + | 7725 | *Salmonella pullorum* | 33.03 |
| 4 | 8(4) | + | + | + | + | + | + | - | + | - | + | - | + | 7725 | *Salmonella pullorum* | 33.03 |
| 5 | 23(6) | + | + | + | + | + | + | + | - | - | + | + | - | 7746 | *Enterobact er aerogenes* | 33.57 |
| 6 | 28(7) | - | - | + | + | + | + | + | - | - | - | + | - | 1742 | *Citrobacter freundii* | 99.84 |
| 7 | 33(8) | - | - | + | + | + | + | + | - | - | - | + | - | 1742 | *Citrobacter freundii* | 99.84 |

**Key;**

Lys – Lysine  
Orn – Ornithine  
Glu – Glucose  
Man – Mannitol  
Xyl – Xylose  
Ind – Indole  
Ure – Urease  
O.N.P.G - 2-nitrophenyl-β-D-galactopyranoside  
V.P – Voges Proskauer  
Cit – Citrate  
TDA – Tryptcphan Deaminase Acid

123

# APÊNDICE IV : RECOLHA DE ÁGUAS RESIDUAIS NO SISTEMA DE DRENAGEM DA UNIVERSIDADE

# APÊNDICE V : DESIGNAÇÃO DOS NOMES DOS FAGOS ISOLADOS NESTE ESTUDO

| Bacteriophage | Bacterium used for isolation (and code) | Location of Primary source | Source |
| --- | --- | --- | --- |
| 1DW | *Salmonella* species (S1) | Drainage system | Water |
| 2DW | *Salmonella* Pullorum (S2) | Drainage system | Water |
| 1KW | *Salmonella* species (S1) | Kwanan Kurmi | Water |
| 2KW | *Salmonella* Pullorum (S2) | Kwanan Kurmi | Water |
| 1KS | *Salmonella* species (S1) | Kwanan Kurmi | Soil |
| 2KS | *Salmonella* Pullorum (S2) | Kwanan Kurmi | Soil |
| 1R | *Salmonella* species (S1) | Reference phage (Salmonelex) | Reference phage (Salmonelex) |
| 2R | *Salmonella* Pullorum (S2) | Reference phage (Salmonelex) | Reference phage (Salmonelex) |

# APÊNDICE VI: ACTIVIDADES DE FAGOS E ANTIBIÓTICOS EM ESPÉCIES DE SALMONELAS E EM SALMONELAS PULLORUM

**APÊNDICE VIa: Leituras de absorvância do cloranfenicol e da ciprofloxacina em espécies de *Salmonella* (SI) e no controlo positivo a 600nm**

| Time (hr) | S1 a | b | c | Mean | SE | IC a | b | c | Mean | SE | 1Cip a | b | c | Mean | SE |
|---|---|---|---|---|---|---|---|---|---|---|---|---|---|---|---|
| 0 | 0.21 | 0.2 | 0.25 | 0.22 | 0.015 | 0.24 | 0.23 | 0.23 | 0.23 | 0.0033 | 0.23 | 0.2 | 0.23 | 0.22 | 0.01 |
| 1 | 0.34 | 0.38 | 0.58 | 0.43 | 0.074 | 0.29 | 0.48 | 0.51 | 0.43 | 0.069 | 0.3 | 0.28 | 0.42 | 0.3333 | 0.04372 |
| 2 | 0.42 | 0.69 | 0.73 | 0.61 | 0.097 | 0.41 | 0.6 | 0.6 | 0.54 | 0.063 | 0.34 | 0.42 | 0.51 | 0.4233 | 0.0491 |
| 3 | 0.48 | 0.57 | 0.7 | 0.58 | 0.064 | 0.34 | 0.61 | 0.67 | 0.54 | 0.1 | 0.32 | 0.41 | 0.52 | 0.4167 | 0.05783 |
| 4 | 0.6 | 0.57 | 0.74 | 0.64 | 0.052 | 0.31 | 0.62 | 0.67 | 0.53 | 0.11 | 0.32 | 0.42 | 0.56 | 0.4333 | 0.0696 |
| 5 | 0.65 | 0.59 | 0.81 | 0.68 | 0.066 | 0.29 | 0.56 | 0.63 | 0.49 | 0.1 | 0.31 | 0.44 | 0.51 | 0.42 | 0.05859 |
| 6 | 0.62 | 0.6 | 0.76 | 0.66 | 0.05 | 0.28 | 0.65 | 0.67 | 0.53 | 0.13 | 0.28 | 0.48 | 0.62 | 0.46 | 0.09866 |
| 7 | 0.64 | 0.68 | 0.71 | 0.68 | 0.02 | 0.29 | 0.63 | 0.68 | 0.53 | 0.12 | 0.25 | 0.4 | 0.6 | 0.4167 | 0.1014 |
| 8 | 0.65 | 0.67 | 0.64 | 0.65 | 0.0088 | 0.29 | 0.65 | 0.66 | 0.53 | 0.12 | 0.25 | 0.4 | 0.58 | 0.41 | 0.09539 |
| 9 | 0.68 | 0.71 | 0.66 | 0.68 | 0.015 | 0.3 | 0.67 | 0.75 | 0.57 | 0.14 | 0.22 | 0.41 | 0.65 | 0.4267 | 0.1244 |
| 10 | 0.7 | 0.58 | 0.63 | 0.64 | 0.035 | 0.28 | 0.7 | 0.42 | 0.47 | 0.12 | 0.2 | 0.38 | 0.56 | 0.38 | 0.1039 |
| 11 | 0.72 | 0.66 | 0.56 | 0.65 | 0.047 | 0.3 | 0.63 | 0.15 | 0.36 | 0.14 | 0.19 | 0.39 | 0.56 | 0.38 | 0.1069 |
| 12 | 0.72 | 0.57 | 0.62 | 0.64 | 0.044 | 0.26 | 0.13 | 0.15 | 0.18 | 0.04 | 0.23 | 0.41 | 0.51 | 0.3833 | 0.08192 |
| 13 | 0.74 | 0.56 | 0.61 | 0.64 | 0.054 | 0.26 | 0.1 | 0.14 | 0.17 | 0.048 | 0.2 | 0.33 | 0.57 | 0.3667 | 0.1084 |
| 14 | 0.75 | 0.61 | 0.64 | 0.67 | 0.043 | 0.32 | 0.11 | 0.16 | 0.2 | 0.063 | 0.19 | 0.32 | 0.49 | 0.3333 | 0.08686 |
| 15 | 0.75 | 0.61 | 0.56 | 0.64 | 0.057 | 0.29 | 0.1 | 0.18 | 0.19 | 0.055 | 0.19 | 0.32 | 0.48 | 0.33 | 0.08386 |
| 16 | 0.74 | 0.6 | 0.57 | 0.64 | 0.052 | 0.28 | 0.16 | 0.19 | 0.21 | 0.036 | 0.18 | 0.34 | 0.48 | 0.3333 | 0.08667 |
| 17 | 0.76 | 0.62 | 0.54 | 0.64 | 0.064 | 0.29 | 0.14 | 0.16 | 0.2 | 0.047 | 0.19 | 0.29 | 0.4 | 0.2933 | 0.06064 |
| 18 | 0.79 | 0.66 | 0.6 | 0.68 | 0.056 | 0.23 | 0.13 | 0.14 | 0.17 | 0.032 | 0.15 | 0.31 | 0.36 | 0.2733 | 0.06333 |
| 19 | 0.77 | 0.67 | 0.53 | 0.66 | 0.07 | 0.28 | 0.14 | 0.14 | 0.19 | 0.047 | 0.18 | 0.33 | 0.36 | 0.29 | 0.05568 |
| 20 | 0.7 | 0.69 | 0.57 | 0.65 | 0.042 | 0.3 | 0.16 | 0.17 | 0.21 | 0.045 | 0.21 | 0.34 | 0.35 | 0.3 | 0.04509 |
| 21 | 0.72 | 0.67 | 0.56 | 0.65 | 0.047 | 0.24 | 0.15 | 0.13 | 0.17 | 0.034 | 0.22 | 0.34 | 0.33 | 0.2967 | 0.03844 |
| 22 | 0.69 | 0.65 | 0.55 | 0.63 | 0.042 | 0.22 | 0.15 | 0.15 | 0.17 | 0.023 | 0.17 | 0.39 | 0.33 | 0.2967 | 0.06566 |
| 23 | 0.69 | 0.67 | 0.55 | 0.64 | 0.044 | 0.22 | 0.18 | 0.14 | 0.18 | 0.023 | 0.23 | 0.3 | 0.34 | 0.29 | 0.03215 |
| 24 | 0.7 | 0.69 | 0.53 | 0.64 | 0.055 | 0.27 | 0.12 | 0.12 | 0.17 | 0.05 | 0.19 | 0.31 | 0.31 | 0.27 | 0.04 |

Key:

a - First reading, b – Second reading, c – Third reading, SE - Standard Error, S1 - Salmonella species alone (control), IC - Chloramphenicol treated culture of S1, 1Cip – Ciprofloxacin treated culture of S1

# APÊNDICE VIb: Leituras de absorvância do fago 1DW e da sua combinação com os dois antibióticos (1DWC e IDWCip) em espécies de *Salmonella* (SI) a 600nm

| Time (hr) | 1DW | | | | | 1DWC | | | | | 1DWCip | | | | |
|---|---|---|---|---|---|---|---|---|---|---|---|---|---|---|---|
| | a | b | c | Mean | SE | a | b | c | Mean | SE | a | b | c | Mean | SE |
| 0 | 0.22 | 0.21 | 0.21 | 0.22 | 0.0033 | 0.24 | 0.21 | 0.24 | 0.23 | 0.01 | 0.22 | 0.26 | 0.24 | 0.24 | 0.012 |
| 1 | 0.38 | 0.37 | 0.39 | 0.38 | 0.033 | 0.35 | 0.47 | 0.17 | 0.33 | 0.087 | 0.12 | 0.33 | 0.24 | 0.23 | 0.061 |
| 2 | 0.36 | 0.53 | 0.55 | 0.42 | 0.057 | 0.39 | 0.45 | 0.13 | 0.32 | 0.098 | 0.1 | 0.49 | 0.17 | 0.25 | 0.12 |
| 3 | 0.32 | 0.46 | 0.49 | 0.37 | 0.047 | 0.34 | 0.45 | 0.13 | 0.31 | 0.094 | 0.05 | 0.51 | 0.12 | 0.23 | 0.14 |
| 4 | 0.32 | 0.39 | 0.43 | 0.34 | 0.023 | 0.37 | 0.39 | 0.03 | 0.26 | 0.12 | 0.06 | 0.62 | 0.07 | 0.25 | 0.19 |
| 5 | 0.26 | 0.42 | 0.46 | 0.31 | 0.053 | 0.34 | 0.37 | 0 | 0.24 | 0.12 | 0.05 | 0.5 | 0.05 | 0.2 | 0.15 |
| 6 | 0.11 | 0.40 | 0.43 | 0.21 | 0.097 | 0.26 | 0.37 | 0.1 | 0.24 | 0.078 | 0.05 | 0.47 | 0.09 | 0.2 | 0.13 |
| 7 | 0.2 | 0.42 | 0.45 | 0.27 | 0.073 | 0.18 | 0.38 | 0.01 | 0.19 | 0.11 | 0.05 | 0.45 | 0.06 | 0.19 | 0.13 |
| 8 | 0.16 | 0.42 | 0.43 | 0.25 | 0.087 | 0.11 | 0.33 | 0.04 | 0.16 | 0.087 | 0.05 | 0.47 | 0.08 | 0.2 | 0.14 |
| 9 | 0.14 | 0.38 | 0.43 | 0.22 | 0.080 | 0.11 | 0.36 | 0.05 | 0.17 | 0.095 | 0.07 | 0.43 | 0.08 | 0.19 | 0.12 |
| 10 | 0.13 | 0.36 | 0.41 | 0.21 | 0.077 | 0.09 | 0.3 | 0.05 | 0.15 | 0.078 | 0.06 | 0.45 | 0.08 | 0.2 | 0.13 |
| 11 | 0.14 | 0.39 | 0.48 | 0.22 | 0.083 | 0.11 | 0.32 | 0.04 | 0.16 | 0.084 | 0.06 | 0.42 | 0.07 | 0.18 | 0.12 |
| 12 | 0.15 | 0.37 | 0.40 | 0.22 | 0.073 | 0.1 | 0.33 | 0.08 | 0.17 | 0.08 | 0.1 | 0.44 | 0.1 | 0.21 | 0.11 |
| 13 | 0.13 | 0.33 | 0.38 | 0.20 | 0.067 | 0.11 | 0.31 | 0.07 | 0.16 | 0.074 | 0.09 | 0.46 | 0.09 | 0.21 | 0.12 |
| 14 | 0.16 | 0.38 | 0.44 | 0.23 | 0.073 | 0.11 | 0.27 | 0.08 | 0.15 | 0.059 | 0.06 | 0.47 | 0.07 | 0.2 | 0.14 |
| 15 | 0.14 | 0.38 | 0.54 | 0.22 | 0.08 | 0.13 | 0.31 | 0.1 | 0.18 | 0.066 | 0.05 | 0.39 | 0.09 | 0.18 | 0.11 |
| 16 | 0.21 | 0.38 | 0.51 | 0.27 | 0.057 | 0.11 | 0.27 | 0.13 | 0.17 | 0.05 | 0.05 | 0.42 | 0.11 | 0.19 | 0.11 |
| 17 | 0.14 | 0.38 | 0.49 | 0.22 | 0.080 | 0.14 | 0.3 | 0.1 | 0.18 | 0.061 | 0.04 | 0.45 | 0.08 | 0.19 | 0.13 |
| 18 | 0.16 | 0.39 | 0.53 | 0.24 | 0.077 | 0.13 | 0.35 | 0.43 | 0.30 | 0.09 | 0.05 | 0.45 | 0.09 | 0.2 | 0.13 |
| 19 | 0.16 | 0.40 | 0.51 | 0.24 | 0.080 | 0.13 | 0.34 | 0.57 | 0.35 | 0.13 | 0.07 | 0.42 | 0.09 | 0.19 | 0.11 |
| 20 | 0.11 | 0.40 | 0.51 | 0.21 | 0.097 | 0.06 | 0.34 | 0.57 | 0.32 | 0.15 | 0.06 | 0.41 | 0.09 | 0.19 | 0.11 |
| 21 | 0.12 | 0.38 | 0.47 | 0.21 | 0.087 | 0.08 | 0.26 | 0.57 | 0.30 | 0.14 | 0.11 | 0.4 | 0.07 | 0.19 | 0.1 |
| 22 | 0.03 | 0.40 | 0.45 | 0.15 | 0.12 | 0.01 | 0.38 | 0.73 | 0.37 | 0.21 | 0.06 | 0.46 | 0.09 | 0.2 | 0.13 |
| 23 | 0.06 | 0.41 | 0.45 | 0.18 | 0.12 | 0.02 | 0.37 | 0.73 | 0.37 | 0.20 | 0.07 | 0.43 | 0.1 | 0.2 | 0.12 |
| 24 | 0.09 | 0.42 | 0.43 | 0.20 | 0.11 | 0.01 | 0.4 | 0.69 | 0.37 | 0.20 | 0.09 | 0.42 | 0.09 | 0.2 | 0.11 |

Key:

a - First reading, b – Second reading, c – Third reading, SE - Standard Error, 1DW - Phage 1DW infected culture of S1, 1DWC – Phage and Chloramphenicol infected and treated culture of S1, 1DWCip – Phage and Ciprofloxacin infected and treated culture of S1.

APÊNDICE Vic: Leituras de absorvância do Phage IKS e da sua combinação com os dois antibióticos (1KSC e IKSCip) em espécies de *Salmonella* (SI) a 600nm

| Time (hr) | 1KS | | | | | 1KSC | | | | | 1KSCip | | | | |
|---|---|---|---|---|---|---|---|---|---|---|---|---|---|---|---|
| | a | b | c | Mean | SE | a | b | c | Mean | SE | a | b | c | Mean | SE |
| 0 | 0.24 | 0.28 | 0.20 | 0.24 | 0.023 | 0.22 | 0.21 | 0.25 | 0.23 | 0.012 | 0.22 | 0.2 | 0.23 | 0.22 | 0.0088 |
| 1 | 0.37 | 0.39 | 0.39 | 0.38 | 0.0067 | 0.36 | 0.38 | 0.23 | 0.32 | 0.047 | 0.22 | 0.24 | 0.29 | 0.25 | 0.021 |
| 2 | 0.42 | 0.44 | 0.56 | 0.47 | 0.044 | 0.38 | 0.52 | 0.13 | 0.34 | 0.11 | 0.31 | 0.31 | 0.25 | 0.29 | 0.02 |
| 3 | 0.43 | 0.28 | 0.51 | 0.41 | 0.067 | 0.38 | 0.44 | 0.12 | 0.31 | 0.098 | 0.2 | 0.37 | 0.2 | 0.26 | 0.057 |
| 4 | 0.31 | 0.23 | 0.34 | 0.29 | 0.033 | 0.39 | 0.39 | 0.04 | 0.27 | 0.12 | 0.19 | 0.36 | 0.15 | 0.23 | 0.064 |
| 5 | 0.3 | 0.26 | 0.35 | 0.30 | 0.026 | 0.36 | 0.38 | 0 | 0.25 | 0.12 | 0.18 | 0.37 | 0.12 | 0.22 | 0.075 |
| 6 | 0.14 | 0.26 | 0.34 | 0.25 | 0.058 | 0.31 | 0.35 | 0.04 | 0.23 | 0.097 | 0.18 | 0.35 | 0.18 | 0.24 | 0.057 |
| 7 | 0.16 | 0.30 | 0.33 | 0.26 | 0.052 | 0.31 | 0.36 | 0.04 | 0.24 | 0.099 | 0.15 | 0.27 | 0.12 | 0.18 | 0.046 |
| 8 | 0.14 | 0.29 | 0.35 | 0.26 | 0.062 | 0.34 | 0.33 | 0.03 | 0.23 | 0.1 | 0.14 | 0.29 | 0.17 | 0.2 | 0.046 |
| 9 | 0.16 | 0.30 | 0.39 | 0.28 | 0.067 | 0.28 | 0.32 | 0.09 | 0.23 | 0.071 | 0.16 | 0.31 | 0.19 | 0.22 | 0.046 |
| 10 | 0.17 | 0.29 | 0.31 | 0.26 | 0.044 | 0.26 | 0.33 | 0.05 | 0.21 | 0.084 | 0.15 | 0.16 | 0.17 | 0.16 | 0.0058 |
| 11 | 0.25 | 0.31 | 0.46 | 0.34 | 0.062 | 0.23 | 0.29 | 0.05 | 0.19 | 0.072 | 0.14 | 0.26 | 0.16 | 0.19 | 0.037 |
| 12 | 0.2 | 0.29 | 0.32 | 0.27 | 0.036 | 0.17 | 0.32 | 0.08 | 0.19 | 0.07 | 0.16 | 0.22 | 0.19 | 0.19 | 0.017 |
| 13 | 0.18 | 0.27 | 0.31 | 0.25 | 0.038 | 0.15 | 0.33 | 0.07 | 0.18 | 0.077 | 0.14 | 0.2 | 0.18 | 0.17 | 0.018 |
| 14 | 0.2 | 0.34 | 0.36 | 0.30 | 0.05 | 0.12 | 0.35 | 0.05 | 0.17 | 0.091 | 0.14 | 0.22 | 0.18 | 0.18 | 0.023 |
| 15 | 0.19 | 0.33 | 0.37 | 0.30 | 0.055 | 0.11 | 0.3 | 0.05 | 0.15 | 0.075 | 0.13 | 0.2 | 0.16 | 0.16 | 0.02 |
| 16 | 0.22 | 0.33 | 0.37 | 0.31 | 0.045 | 0.11 | 0.32 | 0.07 | 0.17 | 0.078 | 0.11 | 0.16 | 0.17 | 0.15 | 0.019 |
| 17 | 0.23 | 0.30 | 0.43 | 0.32 | 0.059 | 0.13 | 0.35 | 0.09 | 0.19 | 0.081 | 0.11 | 0.17 | 0.16 | 0.15 | 0.019 |
| 18 | 0.26 | 0.34 | 0.46 | 0.35 | 0.058 | 0.12 | 0.38 | 0.11 | 0.2 | 0.088 | 0.07 | 0.18 | 0.15 | 0.13 | 0.033 |
| 19 | 0.3 | 0.36 | 0.43 | 0.36 | 0.038 | 0.12 | 0.41 | 0.06 | 0.2 | 0.11 | 0.16 | 0.22 | 0.15 | 0.18 | 0.022 |
| 20 | 0.35 | 0.35 | 0.47 | 0.39 | 0.04 | 0.09 | 0.4 | 0.16 | 0.22 | 0.094 | 0.14 | 0.21 | 0.14 | 0.16 | 0.023 |
| 21 | 0.39 | 0.29 | 0.46 | 0.38 | 0.049 | 0.09 | 0.4 | 0.14 | 0.21 | 0.096 | 0.16 | 0.22 | 0.13 | 0.17 | 0.026 |
| 22 | 0.32 | 0.29 | 0.46 | 0.36 | 0.052 | 0.02 | 0.47 | 0.15 | 0.21 | 0.13 | 0.11 | 0.23 | 0.14 | 0.16 | 0.036 |
| 23 | 0.2 | 0.30 | 0.48 | 0.33 | 0.082 | 0.01 | 0.42 | 0.1 | 0.18 | 0.12 | 0.14 | 0.18 | 0.15 | 0.16 | 0.012 |
| 24 | 0.18 | 0.30 | 0.45 | 0.31 | 0.078 | 0 | 0.44 | 0.11 | 0.18 | 0.13 | 0.14 | 0.19 | 0.17 | 0.17 | 0.015 |

Key:

a - First reading, b – Second reading, c – Third reading, SE - Standard Error, 1KS - Phage 1KS infected culture of S1, 1KSC – Phage and Chloramphenicol infected and treated culture of S1, 1KSCip – Phage and Ciprofloxacin infected and treated culture of S1.

## Apêndice Vid: Leituras de absorvância do fago 1KW e da sua combinação com os dois antibióticos (1KWC e IKWCip) em espécies de *Salmonella* (SI) a 600nm

| Time (hr) | 1KW | | | | | 1KWC | | | | | 1KWCip | | | | |
|---|---|---|---|---|---|---|---|---|---|---|---|---|---|---|---|
| | a | b | c | Mean | SE | a | b | c | Mean | SE | a | b | c | Mean | SE |
| 0 | 0.25 | 0.20 | 0.24 | 0.23 | 0.012 | 0.25 | 0.22 | 0.25 | 0.24 | 0.01 | 0.22 | 0.26 | 0.25 | 0.24 | 0.012 |
| 1 | 0.38 | 0.43 | 0.46 | 0.42 | 0.11 | 0.35 | 0.24 | 0.25 | 0.28 | 0.035 | 0.2 | 0.34 | 0.31 | 0.28 | 0.043 |
| 2 | 0.31 | 0.50 | 0.46 | 0.42 | 0.077 | 0.31 | 0.17 | 0.21 | 0.23 | 0.042 | 0.12 | 0.38 | 0.42 | 0.31 | 0.094 |
| 3 | 0.31 | 0.51 | 0.02 | 0.28 | 0.083 | 0.3 | 0.08 | 0.1 | 0.16 | 0.07 | 0.09 | 0.45 | 0.42 | 0.32 | 0.12 |
| 4 | 0.28 | 0.43 | 0.11 | 0.27 | 0.084 | 0.38 | 0.12 | 0.03 | 0.18 | 0.1 | 0.07 | 0.48 | 0.1 | 0.22 | 0.13 |
| 5 | 0.23 | 0.44 | 0.03 | 0.23 | 0.067 | 0.37 | 0.07 | 0 | 0.15 | 0.11 | 0.07 | 0.47 | 0.33 | 0.29 | 0.12 |
| 6 | 0.14 | 0.44 | 0.08 | 0.22 | 0.03 | 0.19 | 0.1 | 0.04 | 0.11 | 0.044 | 0.09 | 0.48 | 0.41 | 0.33 | 0.12 |
| 7 | 0.13 | 0.48 | 0.10 | 0.24 | 0.037 | 0.13 | 0.11 | 0.01 | 0.083 | 0.037 | 0.08 | 0.48 | 0.36 | 0.31 | 0.12 |
| 8 | 0.16 | 0.44 | 0.10 | 0.23 | 0.04 | 0.12 | 0.08 | 0.04 | 0.08 | 0.023 | 0.07 | 0.44 | 0.4 | 0.3 | 0.12 |
| 9 | 0.12 | 0.47 | 0.11 | 0.23 | 0.012 | 0.1 | 0.04 | 0.03 | 0.057 | 0.022 | 0.09 | 0.38 | 0.5 | 0.32 | 0.12 |
| 10 | 0.12 | 0.36 | 0.13 | 0.20 | 0.064 | 0.08 | 0.1 | 0.05 | 0.077 | 0.015 | 0.07 | 0.37 | 0.33 | 0.26 | 0.094 |
| 11 | 0.14 | 0.39 | 0.14 | 0.22 | 0.058 | 0.08 | 0.09 | 0.06 | 0.077 | 0.0088 | 0.07 | 0.39 | 0.4 | 0.29 | 0.11 |
| 12 | 0.12 | 0.37 | 0.30 | 0.26 | 0.055 | 0.1 | 0.13 | 0.09 | 0.11 | 0.012 | 0.1 | 0.4 | 0.31 | 0.27 | 0.089 |
| 13 | 0.13 | 0.33 | 0.35 | 0.27 | 0.053 | 0.1 | 0.15 | 0.1 | 0.12 | 0.02 | 0.06 | 0.37 | 0.25 | 0.23 | 0.09 |
| 14 | 0.14 | 0.38 | 0.41 | 0.31 | 0.024 | 0.11 | 0.13 | 0.11 | 0.13 | 0.023 | 0.08 | 0.36 | 0.26 | 0.23 | 0.082 |
| 15 | 0.14 | 0.38 | 0.36 | 0.29 | 0.022 | 0.12 | 0.16 | 0.11 | 0.13 | 0.015 | 0.09 | 0.31 | 0.25 | 0.22 | 0.066 |
| 16 | 0.16 | 0.38 | 0.40 | 0.31 | 0.027 | 0.1 | 0.22 | 0.1 | 0.14 | 0.04 | 0.07 | 0.31 | 0.23 | 0.2 | 0.071 |
| 17 | 0.15 | 0.38 | 0.51 | 0.35 | 0.032 | 0.11 | 0.25 | 0.08 | 0.15 | 0.052 | 0.08 | 0.36 | 0.2 | 0.21 | 0.081 |
| 18 | 0.14 | 0.39 | 0.42 | 0.32 | 0.023 | 0.1 | 0.33 | 0.04 | 0.16 | 0.088 | 0.02 | 0.4 | 0.2 | 0.21 | 0.11 |
| 19 | 0.17 | 0.40 | 0.54 | 0.37 | 0.037 | 0.11 | 0.31 | 0.06 | 0.16 | 0.076 | 0.06 | 0.39 | 0.22 | 0.22 | 0.095 |
| 20 | 0.1 | 0.40 | 0.55 | 0.35 | 0.012 | 0.06 | 0.32 | 0.07 | 0.15 | 0.085 | 0.1 | 0.35 | 0.23 | 0.23 | 0.072 |
| 21 | 0.14 | 0.38 | 0.53 | 0.35 | 0.029 | 0.06 | 0.36 | 0.08 | 0.17 | 0.097 | 0.12 | 0.35 | 0.22 | 0.23 | 0.067 |
| 22 | 0.07 | 0.40 | 0.57 | 0.35 | 0.019 | 0.05 | 0.39 | 0.08 | 0.17 | 0.11 | 0.06 | 0.37 | 0.19 | 0.21 | 0.09 |
| 23 | 0.07 | 0.43 | 0.57 | 0.36 | 0.0058 | 0 | 0.38 | 0.09 | 0.16 | 0.11 | 0.07 | 0.37 | 0.1 | 0.18 | 0.095 |
| 24 | 0.09 | 0.43 | 0.59 | 0.37 | 0.012 | 0 | 0.34 | 0.08 | 0.14 | 0.1 | 0.05 | 0.36 | 0.13 | 0.18 | 0.093 |

Key:

a - First reading, b – Second reading, c – Third reading, SE - Standard Error, 1KS - Phage 1KW infected culture of S1, 1KWC – Phage and Chloramphenicol infected and treated culture of S1, 1KWCip – Phage and Ciprofloxacin infected and treated culture of S1

# APÊNDICE Vie: Leituras de absorvância do Phage 1R e da sua combinação com os dois antibióticos (IRC e IRCip) em espécies de *Salmonella* (SI) a 600nm

| Time (hr) | 1R | | | | | IRC | | | | | 1RCip | | | | |
|---|---|---|---|---|---|---|---|---|---|---|---|---|---|---|---|
| | a | b | c | Mean | SE | a | b | c | Mean | SE | a | b | c | Mean | SE |
| 0 | 0.23 | 0.27 | 0.24 | 0.25 | 0.012 | 0.23 | 0.22 | 0.23 | 0.23 | 0.0033 | 0.23 | 0.22 | 0.23 | 0.23 | 0.0033 |
| 1 | 0.36 | 0.45 | 0.18 | 0.33 | 0.079 | 0.45 | 0.43 | 0.33 | 0.4 | 0.037 | 0.28 | 0.31 | 0.3 | 0.3 | 0.0088 |
| 2 | 0.35 | 0.52 | 0.14 | 0.34 | 0.11 | 0.49 | 0.61 | 0.14 | 0.41 | 0.14 | 0.26 | 0.41 | 0.4 | 0.36 | 0.048 |
| 3 | 0.35 | 0.47 | 0.12 | 0.31 | 0.1 | 0.38 | 0.46 | 0.13 | 0.32 | 0.099 | 0.22 | 0.45 | 0.39 | 0.35 | 0.069 |
| 4 | 0.39 | 0.42 | 0.05 | 0.29 | 0.12 | 0.31 | 0.47 | 0.02 | 0.27 | 0.13 | 0.25 | 0.5 | 0.33 | 0.36 | 0.074 |
| 5 | 0.4 | 0.43 | 0.03 | 0.29 | 0.13 | 0.38 | 0.46 | 0 | 0.28 | 0.14 | 0.23 | 0.51 | 0.28 | 0.34 | 0.086 |
| 6 | 0.33 | 0.43 | 0.04 | 0.27 | 0.12 | 0.26 | 0.36 | 0.03 | 0.22 | 0.098 | 0.23 | 0.5 | 0.32 | 0.35 | 0.079 |
| 7 | 0.28 | 0.43 | 0 | 0.24 | 0.13 | 0.29 | 0.39 | 0.01 | 0.23 | 0.11 | 0.24 | 0.49 | 0.31 | 0.35 | 0.074 |
| 8 | 0.26 | 0.46 | 0.04 | 0.25 | 0.12 | 0.25 | 0.38 | 0.03 | 0.22 | 0.1 | 0.23 | 0.51 | 0.29 | 0.34 | 0.085 |
| 9 | 0.21 | 0.47 | 0.04 | 0.24 | 0.13 | 0.2 | 0.33 | 0.09 | 0.21 | 0.069 | 0.2 | 0.44 | 0.3 | 0.31 | 0.07 |
| 10 | 0.17 | 0.41 | 0.08 | 0.22 | 0.098 | 0.21 | 0.34 | 0.04 | 0.2 | 0.087 | 0.18 | 0.47 | 0.29 | 0.31 | 0.085 |
| 11 | 0.16 | 0.5 | 0.06 | 0.24 | 0.13 | 0.18 | 0.34 | 0.06 | 0.19 | 0.081 | 0.16 | 0.44 | 0.28 | 0.29 | 0.081 |
| 12 | 0.16 | 0.41 | 0.1 | 0.22 | 0.095 | 0.2 | 0.36 | 0.06 | 0.21 | 0.087 | 0.19 | 0.47 | 0.29 | 0.32 | 0.082 |
| 13 | 0.17 | 0.41 | 0.14 | 0.24 | 0.085 | 0.21 | 0.35 | 0.05 | 0.2 | 0.087 | 0.15 | 0.46 | 0.27 | 0.29 | 0.09 |
| 14 | 0.15 | 0.46 | 0.19 | 0.27 | 0.097 | 0.18 | 0.37 | 0.07 | 0.21 | 0.088 | 0.16 | 0.45 | 0.28 | 0.3 | 0.084 |
| 15 | 0.14 | 0.45 | 0.2 | 0.26 | 0.095 | 0.17 | 0.28 | 0.09 | 0.18 | 0.055 | 0.13 | 0.38 | 0.25 | 0.25 | 0.072 |
| 16 | 0.17 | 0.46 | 0.17 | 0.27 | 0.097 | 0.19 | 0.32 | 0.1 | 0.2 | 0.064 | 0.11 | 0.39 | 0.24 | 0.25 | 0.081 |
| 17 | 0.16 | 0.48 | 0.17 | 0.27 | 0.11 | 0.18 | 0.35 | 0.08 | 0.2 | 0.079 | 0.12 | 0.43 | 0.22 | 0.26 | 0.091 |
| 18 | 0.2 | 0.47 | 0.14 | 0.27 | 0.1 | 0.17 | 0.36 | 0.08 | 0.2 | 0.083 | 0.11 | 0.44 | 0.2 | 0.25 | 0.098 |
| 19 | 0.18 | 0.47 | 0.1 | 0.25 | 0.11 | 0.18 | 0.37 | 0.06 | 0.2 | 0.09 | 0.12 | 0.46 | 0.21 | 0.26 | 0.1 |
| 20 | 0.12 | 0.45 | 0.08 | 0.22 | 0.12 | 0.14 | 0.36 | 0.06 | 0.19 | 0.09 | 0.18 | 0.41 | 0.23 | 0.27 | 0.07 |
| 21 | 0.15 | 0.39 | 0.05 | 0.2 | 0.1 | 0.13 | 0.33 | 0.02 | 0.16 | 0.091 | 0.16 | 0.41 | 0.21 | 0.26 | 0.076 |
| 22 | 0.12 | 0.35 | 0.05 | 0.17 | 0.091 | 0.05 | 0.4 | 0.05 | 0.17 | 0.12 | 0.11 | 0.44 | 0.21 | 0.25 | 0.098 |
| 23 | 0.11 | 0.41 | 0.06 | 0.19 | 0.11 | 0.04 | 0.42 | 0.06 | 0.17 | 0.12 | 0.12 | 0.41 | 0.22 | 0.25 | 0.085 |
| 24 | 0.1 | 0.41 | 0.07 | 0.19 | 0.11 | 0.04 | 0.43 | 0.04 | 0.17 | 0.13 | 0.1 | 0.43 | 0.18 | 0.24 | 0.099 |

- First reading, b – Second reading, c – Third reading, SE - Standard Error, 1R - Phage 1R infected culture of S1, 1RC – Phage and Chloramphenicol infected and treated culture of S1, RCip – Phage and Ciprofloxacin infected and treated culture of S1.

# APÊNDICE VIf: Leituras de absorvância de cloranfenicol e ciprofloxacina em *Salmonella* Pullorum (S2) e no controlo positivo a 600nm

| Time (hr) | S2 | | | | | 2C | | | | | 2Cip | | | | |
|---|---|---|---|---|---|---|---|---|---|---|---|---|---|---|---|
| | a | b | c | Mean | SE | a | b | c | Mean | SE | a | b | c | Mean | SE |
| 0 | 0.21 | 0.21 | 0.28 | 0.2333 | 0.02333 | 0.24 | 0.25 | 0.25 | 0.2467 | 0.003333 | 0.22 | 0.24 | 0.25 | 0.2367 | 0.008819 |
| 1 | 0.68 | 0.4 | 0.51 | 0.53 | 0.08145 | 0.35 | 0.55 | 0.57 | 0.49 | 0.07024 | 0.28 | 0.31 | 0.31 | 0.3 | 0.01 |
| 2 | 0.72 | 0.68 | 0.77 | 0.7233 | 0.02603 | 0.42 | 0.54 | 0.42 | 0.46 | 0.04 | 0.3 | 0.36 | 0.36 | 0.34 | 0.02 |
| 3 | 0.64 | 0.61 | 0.76 | 0.67 | 0.04583 | 0.32 | 0.17 | 0.19 | 0.2267 | 0.04702 | 0.28 | 0.45 | 0.46 | 0.3967 | 0.0584 |
| 4 | 0.63 | 0.59 | 0.77 | 0.6633 | 0.05457 | 0.31 | 0.04 | 0.06 | 0.1367 | 0.08686 | 0.29 | 0.51 | 0.46 | 0.42 | 0.06658 |
| 5 | 0.6 | 0.6 | 0.74 | 0.6467 | 0.04667 | 0.3 | 0.01 | 0.04 | 0.1167 | 0.09207 | 0.29 | 0.47 | 0.48 | 0.4133 | 0.06173 |
| 6 | 0.68 | 0.59 | 0.75 | 0.6733 | 0.04631 | 0.28 | 0.05 | 0.06 | 0.13 | 0.07506 | 0.3 | 0.43 | 0.57 | 0.4333 | 0.07796 |
| 7 | 0.61 | 0.71 | 0.73 | 0.6833 | 0.03712 | 0.28 | 0.05 | 0.04 | 0.1233 | 0.07839 | 0.26 | 0.44 | 0.56 | 0.42 | 0.08718 |
| 8 | 0.6 | 0.67 | 0.77 | 0.68 | 0.04933 | 0.27 | 0.1 | 0.11 | 0.16 | 0.05508 | 0.25 | 0.41 | 0.61 | 0.4233 | 0.1041 |
| 9 | 0.65 | 0.72 | 0.7 | 0.69 | 0.02082 | 0.3 | 0.11 | 0.2 | 0.2033 | 0.05487 | 0.3 | 0.34 | 0.55 | 0.3967 | 0.07753 |
| 10 | 0.65 | 0.58 | 0.72 | 0.65 | 0.04041 | 0.28 | 0.14 | 0.15 | 0.19 | 0.04509 | 0.21 | 0.38 | 0.56 | 0.3833 | 0.1011 |
| 11 | 0.65 | 0.65 | 0.71 | 0.67 | 0.02 | 0.32 | 0.17 | 0.12 | 0.2033 | 0.06009 | 0.22 | 0.34 | 0.6 | 0.3867 | 0.1122 |
| 12 | 0.63 | 0.55 | 0.73 | 0.6367 | 0.05207 | 0.32 | 0.17 | 0.19 | 0.2267 | 0.04702 | 0.23 | 0.36 | 0.59 | 0.3933 | 0.1053 |
| 13 | 0.64 | 0.53 | 0.76 | 0.6433 | 0.06642 | 0.26 | 0.14 | 0.15 | 0.1833 | 0.03844 | 0.19 | 0.38 | 0.55 | 0.3733 | 0.104 |
| 14 | 0.68 | 0.56 | 0.71 | 0.65 | 0.04583 | 0.26 | 0.13 | 0.13 | 0.1733 | 0.04333 | 0.19 | 0.34 | 0.52 | 0.35 | 0.09539 |
| 15 | 0.68 | 0.58 | 0.62 | 0.6267 | 0.02906 | 0.29 | 0.13 | 0.15 | 0.19 | 0.05033 | 0.14 | 0.28 | 0.51 | 0.31 | 0.1079 |
| 16 | 0.69 | 0.53 | 0.61 | 0.61 | 0.04619 | 0.27 | 0.16 | 0.14 | 0.19 | 0.04041 | 0.12 | 0.33 | 0.48 | 0.31 | 0.1044 |
| 17 | 0.67 | 0.57 | 0.61 | 0.6167 | 0.02906 | 0.26 | 0.14 | 0.15 | 0.1833 | 0.03844 | 0.11 | 0.36 | 0.4 | 0.29 | 0.09074 |
| 18 | 0.68 | 0.59 | 0.56 | 0.61 | 0.03606 | 0.24 | 0.16 | 0.15 | 0.1833 | 0.02848 | 0.1 | 0.36 | 0.37 | 0.2767 | 0.08838 |
| 19 | 0.72 | 0.58 | 0.56 | 0.62 | 0.05033 | 0.31 | 0.14 | 0.16 | 0.2033 | 0.05364 | 0.17 | 0.34 | 0.35 | 0.2867 | 0.0584 |
| 20 | 0.73 | 0.62 | 0.52 | 0.6233 | 0.06064 | 0.3 | 0.2 | 0.15 | 0.2167 | 0.0441 | 0.17 | 0.33 | 0.35 | 0.2833 | 0.05696 |
| 21 | 0.67 | 0.53 | 0.5 | 0.5667 | 0.05239 | 0.29 | 0.21 | 0.14 | 0.2133 | 0.04333 | 0.18 | 0.33 | 0.34 | 0.2833 | 0.05175 |
| 22 | 0.64 | 0.56 | 0.65 | 0.6167 | 0.02848 | 0.27 | 0.15 | 0.18 | 0.2 | 0.03606 | 0.12 | 0.37 | 0.36 | 0.2833 | 0.08172 |
| 23 | 0.64 | 0.57 | 0.63 | 0.6133 | 0.02186 | 0.28 | 0.15 | 0.15 | 0.1933 | 0.04333 | 0.13 | 0.37 | 0.32 | 0.2733 | 0.07311 |
| 24 | 0.62 | 0.57 | 0.67 | 0.62 | 0.02887 | 0.28 | 0.18 | 0.17 | 0.21 | 0.03512 | 0.11 | 0.34 | 0.28 | 0.2433 | 0.06888 |

Key:

a - First reading, b – Second reading, c – Third reading, SE - Standard Error, S2 - *Salmonella* Pullorum alone (control), 2C - Chloramphenicol treated culture of S2, 2Cip – Ciprofloxacin treated culture of S2.

# APÊNDICE Vig: Leituras de absorvância do Phage 2DW e da sua combinação com os dois antibióticos (2DWC e 2DWCip) em *Salmonella* Pullorum (S2) a 600nm

| Time (hr) | 2DW | | | | | 2DWC | | | | | 2DWCip | | | | |
|---|---|---|---|---|---|---|---|---|---|---|---|---|---|---|---|
| | a | b | c | Mean | SE | a | b | c | Mean | SE | a | b | c | Mean | SE |
| 0 | 0.25 | 0.29 | 0.21 | 0.25 | 0.02309 | 0.24 | 0.24 | 0.24 | 0.24 | 0 | 0.2 | 0.27 | 0.24 | 0.2367 | 0.02028 |
| 1 | 0.45 | 0.63 | 0.38 | 0.4867 | 0.07446 | 0.66 | 0.16 | 0.15 | 0.3233 | 0.1684 | 0.42 | 0.55 | 0.15 | 0.3733 | 0.1178 |
| 2 | 0.49 | 0.52 | 0.63 | 0.5467 | 0.04256 | 0.68 | 0.12 | 0.11 | 0.3033 | 0.1884 | 0.47 | 0.61 | 0.17 | 0.4167 | 0.1298 |
| 3 | 0.52 | 0.47 | 0.53 | 0.5067 | 0.01856 | 0.62 | 0.11 | 0.11 | 0.28 | 0.17 | 0.43 | 0.61 | 0.15 | 0.3967 | 0.1338 |
| 4 | 0.39 | 0.4 | 0.49 | 0.4267 | 0.0318 | 0.61 | 0.02 | 0.03 | 0.22 | 0.195 | 0.39 | 0.57 | 0.05 | 0.3367 | 0.1525 |
| 5 | 0.39 | 0.4 | 0.5 | 0.43 | 0.03512 | 0.6 | 0.01 | 0 | 0.2033 | 0.1984 | 0.41 | 0.56 | 0.01 | 0.3267 | 0.1641 |
| 6 | 0.4 | 0.36 | 0.48 | 0.4133 | 0.03528 | 0.62 | 0.03 | 0.04 | 0.23 | 0.195 | 0.4 | 0.58 | 0.1 | 0.36 | 0.14 |
| 7 | 0.29 | 0.4 | 0.52 | 0.4033 | 0.06642 | 0.61 | 0 | 0.01 | 0.2067 | 0.2017 | 0.42 | 0.57 | 0.03 | 0.34 | 0.1609 |
| 8 | 0.32 | 0.38 | 0.52 | 0.4067 | 0.05925 | 0.62 | 0.04 | 0.02 | 0.2267 | 0.1968 | 0.39 | 0.53 | 0.07 | 0.33 | 0.1361 |
| 9 | 0.29 | 0.37 | 0.5 | 0.3867 | 0.06119 | 0.66 | 0.03 | 0.04 | 0.2433 | 0.2084 | 0.32 | 0.52 | 0.07 | 0.3033 | 0.1302 |
| 10 | 0.23 | 0.33 | 0.44 | 0.3333 | 0.06064 | 0.64 | 0.05 | 0.05 | 0.2467 | 0.1967 | 0.4 | 0.52 | 0.08 | 0.3333 | 0.1313 |
| 11 | 0.36 | 0.4 | 0.5 | 0.42 | 0.04163 | 0.54 | 0.04 | 0.04 | 0.2067 | 0.1667 | 0.37 | 0.55 | 0.05 | 0.3233 | 0.1462 |
| 12 | 0.35 | 0.32 | 0.43 | 0.3667 | 0.03283 | 0.54 | 0.07 | 0.06 | 0.2233 | 0.1584 | 0.36 | 0.53 | 0.08 | 0.3233 | 0.1312 |
| 13 | 0.3 | 0.33 | 0.36 | 0.33 | 0.01732 | 0.54 | 0.06 | 0.07 | 0.2233 | 0.1584 | 0.36 | 0.51 | 0.04 | 0.3033 | 0.1386 |
| 14 | 0.28 | 0.33 | 0.35 | 0.32 | 0.02082 | 0.58 | 0.05 | 0.09 | 0.24 | 0.1704 | 0.34 | 0.52 | 0.05 | 0.3033 | 0.1369 |
| 15 | 0.33 | 0.32 | 0.26 | 0.3033 | 0.02186 | 0.64 | 0.06 | 0.1 | 0.2667 | 0.187 | 0.39 | 0.48 | 0.06 | 0.31 | 0.1277 |
| 16 | 0.31 | 0.32 | 0.26 | 0.2967 | 0.01856 | 0.6 | 0.11 | 0.13 | 0.28 | 0.1601 | 0.37 | 0.55 | 0.11 | 0.3433 | 0.1277 |
| 17 | 0.34 | 0.32 | 0.19 | 0.2833 | 0.04702 | 0.67 | 0.1 | 0.11 | 0.2933 | 0.1884 | 0.4 | 0.57 | 0.1 | 0.3567 | 0.1374 |
| 18 | 0.32 | 0.32 | 0.21 | 0.2833 | 0.03667 | 0.64 | 0.12 | 0.07 | 0.2767 | 0.1822 | 0.39 | 0.63 | 0.08 | 0.3667 | 0.1592 |
| 19 | 0.3 | 0.31 | 0.27 | 0.2933 | 0.01202 | 0.58 | 0.1 | 0.07 | 0.25 | 0.1652 | 0.34 | 0.57 | 0.05 | 0.32 | 0.1504 |
| 20 | 0.31 | 0.39 | 0.29 | 0.33 | 0.03055 | 0.55 | 0.09 | 0.06 | 0.2333 | 0.1586 | 0.39 | 0.58 | 0.04 | 0.3367 | 0.1581 |
| 21 | 0.34 | 0.33 | 0.31 | 0.3267 | 0.008819 | 0.34 | 0.05 | 0.09 | 0.16 | 0.09074 | 0.41 | 0.56 | 0.02 | 0.33 | 0.1609 |
| 22 | 0.33 | 0.33 | 0.34 | 0.3333 | 0.003333 | 0.3 | 0.06 | 0.06 | 0.14 | 0.08 | 0.39 | 0.59 | 0.07 | 0.35 | 0.1514 |
| 23 | 0.31 | 0.36 | 0.4 | 0.3567 | 0.02603 | 0.24 | 0.09 | 0.07 | 0.1333 | 0.05364 | 0.33 | 0.58 | 0.08 | 0.33 | 0.1443 |
| 24 | 0.3 | 0.39 | 0.39 | 0.36 | 0.03 | 0.21 | 0.08 | 0.09 | 0.1267 | 0.04177 | 0.34 | 0.59 | 0.03 | 0.32 | 0.162 |

Key:

a - First reading, b – Second reading, c – Third reading, SE - Standard Error, 2DW - Phage 2DW infected culture of S2, 2DWC – Phage and Chloramphenicol infected and treated culture of S2, 2DWCip – Phage and Ciprofloxacin infected and treated culture of S2.

# APÊNDICE VIh: Leituras de absorvância do Phage 2KS e da sua combinação com os dois antibióticos (2KSC e 2KSCip) em *Salmonella* Pullorum (S2) a 600nm

| Time (hr) | 2KS | | | | | 2KSC | | | | | 2KSCip | | | | |
|---|---|---|---|---|---|---|---|---|---|---|---|---|---|---|---|
| | a | b | c | Mean | SE | a | b | c | Mean | SE | a | b | c | Mean | SE |
| 0 | 0.22 | 0.21 | 0.25 | 0.2267 | 0.01202 | 0.27 | 0.21 | 0.25 | 0.2433 | 0.01764 | 0.21 | 0.25 | 0.25 | 0.2367 | 0.01333 |
| 1 | 0.05 | 0.38 | 0.31 | 0.2467 | 0.1004 | 0.31 | 0.45 | 0.17 | 0.31 | 0.08083 | 0.06 | 0.18 | 0.18 | 0.14 | 0.04 |
| 2 | 0.08 | 0.63 | 0.14 | 0.2833 | 0.1742 | 0.35 | 0.56 | 0.13 | 0.3467 | 0.1241 | 0.14 | 0.21 | 0.21 | 0.1867 | 0.02333 |
| 3 | 0.07 | 0.56 | 0.13 | 0.2533 | 0.1543 | 0.36 | 0.47 | 0.13 | 0.32 | 0.1002 | 0.05 | 0.19 | 0.1 | 0.1133 | 0.04096 |
| 4 | 0.05 | 0.55 | 0.05 | 0.2167 | 0.1667 | 0.41 | 0.48 | 0.04 | 0.31 | 0.1365 | 0.03 | 0.11 | 0.12 | 0.08667 | 0.02848 |
| 5 | 0.04 | 0.55 | 0 | 0.1967 | 0.177 | 0.34 | 0.48 | 0.01 | 0.2767 | 0.1393 | 0.03 | 0.08 | 0.07 | 0.06 | 0.01528 |
| 6 | 0.04 | 0.53 | 0.04 | 0.2033 | 0.1633 | 0.35 | 0.43 | 0.05 | 0.2767 | 0.1157 | 0.05 | 0.1 | 0.11 | 0.08667 | 0.01856 |
| 7 | 0.03 | 0.57 | 0.01 | 0.2033 | 0.1834 | 0.32 | 0.43 | 0 | 0.25 | 0.129 | 0.02 | 0.07 | 0.06 | 0.05 | 0.01528 |
| 8 | 0.09 | 0.55 | 0.04 | 0.2267 | 0.1623 | 0.33 | 0.38 | 0.03 | 0.2467 | 0.1093 | 0.04 | 0.1 | 0.09 | 0.07667 | 0.01856 |
| 9 | 0.08 | 0.59 | 0.06 | 0.2433 | 0.1734 | 0.36 | 0.33 | 0.04 | 0.2433 | 0.102 | 0.06 | 0.1 | 0.11 | 0.09 | 0.01528 |
| 10 | 0.09 | 0.52 | 0.04 | 0.2167 | 0.1524 | 0.38 | 0.35 | 0.05 | 0.26 | 0.1054 | 0.05 | 0.09 | 0.08 | 0.07333 | 0.01202 |
| 11 | 0.12 | 0.59 | 0.05 | 0.2533 | 0.1695 | 0.36 | 0.35 | 0.04 | 0.25 | 0.105 | 0.05 | 0.09 | 0.1 | 0.08 | 0.01528 |
| 12 | 0.2 | 0.51 | 0.07 | 0.26 | 0.1305 | 0.38 | 0.35 | 0.06 | 0.2633 | 0.102 | 0.07 | 0.11 | 0.13 | 0.1033 | 0.01764 |
| 13 | 0.35 | 0.48 | 0.05 | 0.2933 | 0.1273 | 0.33 | 0.37 | 0.06 | 0.2533 | 0.09735 | 0.05 | 0.1 | 0.13 | 0.09333 | 0.02333 |
| 14 | 0.48 | 0.53 | 0.06 | 0.3567 | 0.149 | 0.35 | 0.34 | 0.06 | 0.25 | 0.09504 | 0.05 | 0.09 | 0.13 | 0.09 | 0.02309 |
| 15 | 0.42 | 0.5 | 0.06 | 0.3267 | 0.1353 | 0.33 | 0.28 | 0.07 | 0.2267 | 0.07965 | 0.07 | 0.1 | 0.11 | 0.09333 | 0.01202 |
| 16 | 0.38 | 0.52 | 0.08 | 0.3267 | 0.1298 | 0.32 | 0.29 | 0.02 | 0.21 | 0.09539 | 0.05 | 0.11 | 0.12 | 0.09333 | 0.02186 |
| 17 | 0.36 | 0.53 | 0.07 | 0.32 | 0.1343 | 0.31 | 0.28 | 0.08 | 0.2233 | 0.07219 | 0.05 | 0.09 | 0.09 | 0.07667 | 0.01333 |
| 18 | 0.38 | 0.52 | 0.03 | 0.31 | 0.1457 | 0.3 | 0.33 | 0.04 | 0.2233 | 0.09207 | 0.03 | 0.09 | 0.08 | 0.06667 | 0.01856 |
| 19 | 0.4 | 0.53 | 0.03 | 0.32 | 0.1498 | 0.34 | 0.28 | 0.08 | 0.2333 | 0.0786 | 0.06 | 0.08 | 0.08 | 0.07333 | 0.006667 |
| 20 | 0.47 | 0.52 | 0.03 | 0.34 | 0.1557 | 0.36 | 0.28 | 0.08 | 0.24 | 0.08327 | 0.09 | 0.07 | 0.08 | 0.08 | 0.005774 |
| 21 | 0.48 | 0.47 | 0.04 | 0.33 | 0.145 | 0.35 | 0.32 | 0.07 | 0.2467 | 0.08876 | 0.07 | 0.04 | 0.04 | 0.05 | 0.01 |
| 22 | 0.44 | 0.42 | 0.04 | 0.3 | 0.1301 | 0.33 | 0.36 | 0.02 | 0.2367 | 0.1087 | 0.08 | 0.07 | 0.08 | 0.07667 | 0.003333 |
| 23 | 0.43 | 0.49 | 0.07 | 0.33 | 0.1311 | 0.33 | 0.34 | 0.06 | 0.2433 | 0.09171 | 0.07 | 0.1 | 0.1 | 0.09 | 0.01 |
| 24 | 0.46 | 0.44 | 0.09 | 0.33 | 0.1201 | 0.35 | 0.34 | 0.05 | 0.2467 | 0.09838 | 0.06 | 0.17 | 0.06 | 0.09667 | 0.03667 |

Key:

a - First reading, b – Second reading, c – Third reading, SE - Standard Error, 2KS - Phage 2KS infected culture of S2, 2KSC – Phage and Chloramphenicol infected and treated culture of S2, 2KSCip – Phage and Ciprofloxacin infected and treated culture of S2

# APÊNDICE VIi: Leituras de absorvância do fago 2KW e da sua combinação com os dois antibióticos (2KWC e 2KWCip) em *Salmonella* Pullorum (S2) a 600nm

| Time (hr) | 2KW | | | | | 2KWC | | | | | 2KWCip | | | | |
|---|---|---|---|---|---|---|---|---|---|---|---|---|---|---|---|
| | a | b | c | Mean | SE | a | b | c | Mean | SE | a | b | c | Mean | SE |
| 0 | 0.29 | 0.27 | 0.27 | 0.2767 | 0.006667 | 0.24 | 0.24 | 0.24 | 0.24 | 0 | 0.22 | 0.28 | 0.24 | 0.2467 | 0.01764 |
| 1 | 0.53 | 0.25 | 0.58 | 0.4533 | 0.1027 | 0.35 | 0.27 | 0.24 | 0.2867 | 0.03283 | 0.53 | 0.4 | 0.3 | 0.41 | 0.06658 |
| 2 | 0.6 | 0.24 | 0.55 | 0.4633 | 0.1126 | 0.36 | 0.13 | 0.11 | 0.2 | 0.08021 | 0.51 | 0.42 | 0.19 | 0.3733 | 0.09528 |
| 3 | 0.57 | 0.23 | 0.61 | 0.47 | 0.1206 | 0.31 | 0.14 | 0.11 | 0.1867 | 0.06227 | 0.42 | 0.54 | 0.16 | 0.3733 | 0.1122 |
| 4 | 0.5 | 0.23 | 0.47 | 0.4 | 0.08544 | 0.34 | 0.03 | 0 | 0.1233 | 0.1087 | 0.42 | 0.56 | 0.1 | 0.36 | 0.1361 |
| 5 | 0.48 | 0.23 | 0.45 | 0.3867 | 0.07881 | 0.27 | 0 | 0.01 | 0.09333 | 0.08838 | 0.37 | 0.54 | 0.06 | 0.3233 | 0.1405 |
| 6 | 0.51 | 0.2 | 0.43 | 0.38 | 0.09292 | 0.32 | 0.04 | 0.03 | 0.13 | 0.09504 | 0.38 | 0.52 | 0.1 | 0.3333 | 0.1235 |
| 7 | 0.48 | 0.24 | 0.44 | 0.3867 | 0.07424 | 0.28 | 0.01 | 0 | 0.09667 | 0.09171 | 0.38 | 0.47 | 0.07 | 0.3067 | 0.1212 |
| 8 | 0.54 | 0.21 | 0.41 | 0.3867 | 0.09597 | 0.32 | 0.05 | 0.04 | 0.1367 | 0.09171 | 0.36 | 0.46 | 0.08 | 0.3 | 0.1137 |
| 9 | 0.57 | 0.25 | 0.42 | 0.4133 | 0.09244 | 0.3 | 0.06 | 0.04 | 0.1333 | 0.08353 | 0.38 | 0.36 | 0.08 | 0.2733 | 0.09684 |
| 10 | 0.48 | 0.22 | 0.38 | 0.36 | 0.07572 | 0.28 | 0.07 | 0.05 | 0.1333 | 0.07356 | 0.33 | 0.39 | 0.08 | 0.2667 | 0.09493 |
| 11 | 0.46 | 0.27 | 0.37 | 0.3667 | 0.05487 | 0.29 | 0.05 | 0.05 | 0.13 | 0.08 | 0.39 | 0.33 | 0.07 | 0.2633 | 0.09821 |
| 12 | 0.56 | 0.22 | 0.34 | 0.3733 | 0.09955 | 0.3 | 0.08 | 0.06 | 0.1467 | 0.07688 | 0.41 | 0.4 | 0.09 | 0.3 | 0.105 |
| 13 | 0.59 | 0.2 | 0.31 | 0.3667 | 0.1161 | 0.26 | 0.08 | 0.04 | 0.1267 | 0.06766 | 0.33 | 0.41 | 0.07 | 0.27 | 0.1026 |
| 14 | 0.53 | 0.26 | 0.37 | 0.3867 | 0.07839 | 0.26 | 0.05 | 0.03 | 0.1133 | 0.07356 | 0.31 | 0.4 | 0.06 | 0.2567 | 0.1017 |
| 15 | 0.53 | 0.26 | 0.33 | 0.3733 | 0.0809 | 0.28 | 0.07 | 0.06 | 0.1367 | 0.07172 | 0.36 | 0.34 | 0.06 | 0.2533 | 0.09684 |
| 16 | 0.59 | 0.26 | 0.34 | 0.3967 | 0.09939 | 0.25 | 0.09 | 0.11 | 0.15 | 0.05033 | 0.3 | 0.36 | 0.09 | 0.25 | 0.08185 |
| 17 | 0.61 | 0.27 | 0.35 | 0.41 | 0.1026 | 0.26 | 0.09 | 0.09 | 0.1467 | 0.05667 | 0.31 | 0.35 | 0.09 | 0.25 | 0.08083 |
| 18 | 0.59 | 0.32 | 0.36 | 0.4233 | 0.08413 | 0.24 | 0.1 | 0.12 | 0.1533 | 0.04372 | 0.27 | 0.4 | 0.1 | 0.2567 | 0.08686 |
| 19 | 0.58 | 0.34 | 0.32 | 0.4133 | 0.08353 | 0.28 | 0.1 | 0.11 | 0.1633 | 0.0584 | 0.31 | 0.37 | 0.07 | 0.25 | 0.09165 |
| 20 | 0.56 | 0.36 | 0.35 | 0.4233 | 0.06839 | 0.28 | 0.11 | 0.09 | 0.16 | 0.06028 | 0.32 | 0.35 | 0.08 | 0.25 | 0.08544 |
| 21 | 0.6 | 0.34 | 0.28 | 0.4067 | 0.09821 | 0.27 | 0.09 | 0.08 | 0.1467 | 0.06173 | 0.35 | 0.38 | 0.06 | 0.2633 | 0.102 |
| 22 | 0.61 | 0.39 | 0.28 | 0.4267 | 0.09701 | 0.25 | 0.08 | 0.09 | 0.14 | 0.05508 | 0.3 | 0.39 | 0.09 | 0.26 | 0.08888 |
| 23 | 0.59 | 0.45 | 0.34 | 0.46 | 0.07234 | 0.24 | 0.1 | 0.09 | 0.1433 | 0.04842 | 0.31 | 0.37 | 0.07 | 0.25 | 0.09165 |
| 24 | 0.58 | 0.45 | 0.37 | 0.4667 | 0.06119 | 0.25 | 0.09 | 0.11 | 0.15 | 0.05033 | 0.32 | 0.39 | 0.09 | 0.2667 | 0.09062 |

Key:

a - First reading, b – Second reading, c – Third reading, SE - Standard Error, 2KW - Phage 2KW infected culture of S2, 2KWC – Phage and Chloramphenicol infected and treated culture of S2, 2KWCip – Phage and Ciprofloxacin infected and treated culture of S2.

# APÊNDICE VIj: Leituras de absorvância do Phage 2R e da sua combinação com os dois antibióticos (2RC e 2RCip) em *Salmonella* Pullorum (S2) a 600nm

| Time (hr) | 2R | | | | | 2RC | | | | | 2RCip | | | | |
|---|---|---|---|---|---|---|---|---|---|---|---|---|---|---|---|
| | a | b | c | Mean | SE | a | b | c | Mean | SE | a | b | c | Mean | SE |
| 0 | 0.21 | 0.28 | 0.25 | 0.2467 | 0.02028 | 0.24 | 0.26 | 0.22 | 0.24 | 0.01155 | 0.22 | 0.22 | 0.22 | 0.22 | 0 |
| 1 | 0.19 | 0.21 | 0.33 | 0.2433 | 0.04372 | 0.2 | 0.4 | 0.36 | 0.32 | 0.0611 | 0.34 | 0.38 | 0.35 | 0.3567 | 0.01202 |
| 2 | 0.17 | 0.23 | 0.12 | 0.1733 | 0.0318 | 0.14 | 0.67 | 0.27 | 0.36 | 0.1595 | 0.33 | 0.4 | 0.4 | 0.3767 | 0.02333 |
| 3 | 0.14 | 0.25 | 0.13 | 0.1733 | 0.03844 | 0.19 | 0.61 | 0.08 | 0.2933 | 0.1615 | 0.32 | 0.25 | 0.21 | 0.26 | 0.03215 |
| 4 | 0.12 | 0.24 | 0.01 | 0.1233 | 0.06642 | 0.15 | 0.62 | 0.09 | 0.2867 | 0.1676 | 0.3 | 0.22 | 0.17 | 0.23 | 0.03786 |
| 5 | 0.09 | 0.26 | 0 | 0.1167 | 0.07623 | 0.16 | 0.61 | 0.11 | 0.2933 | 0.159 | 0.3 | 0.17 | 0.21 | 0.2267 | 0.03844 |
| 6 | 0.15 | 0.23 | 0.05 | 0.1433 | 0.05207 | 0.13 | 0.56 | 0.08 | 0.2567 | 0.1524 | 0.28 | 0.15 | 0.18 | 0.2033 | 0.0393 |
| 7 | 0.12 | 0.24 | 0.02 | 0.1267 | 0.0636 | 0.18 | 0.59 | 0.05 | 0.2733 | 0.1627 | 0.23 | 0.12 | 0.23 | 0.1933 | 0.03667 |
| 8 | 0.1 | 0.24 | 0.03 | 0.1233 | 0.06173 | 0.25 | 0.58 | 0.1 | 0.31 | 0.1418 | 0.24 | 0.15 | 0.13 | 0.1733 | 0.03383 |
| 9 | 0.2 | 0.28 | 0.05 | 0.1767 | 0.06741 | 0.33 | 0.59 | 0.25 | 0.39 | 0.1026 | 0.23 | 0.19 | 0.18 | 0.2 | 0.01528 |
| 10 | 0.36 | 0.2 | 0.05 | 0.2033 | 0.0895 | 0.46 | 0.59 | 0.15 | 0.4 | 0.1305 | 0.24 | 0.16 | 0.18 | 0.1933 | 0.02404 |
| 11 | 0.27 | 0.25 | 0.07 | 0.1967 | 0.0636 | 0.46 | 0.56 | 0.25 | 0.4233 | 0.09135 | 0.22 | 0.2 | 0.16 | 0.1933 | 0.01764 |
| 12 | 0.25 | 0.2 | 0.07 | 0.1733 | 0.05364 | 0.5 | 0.61 | 0.37 | 0.4933 | 0.06936 | 0.26 | 0.17 | 0.17 | 0.2 | 0.03 |
| 13 | 0.33 | 0.2 | 0.08 | 0.2033 | 0.07219 | 0.45 | 0.65 | 0.47 | 0.5233 | 0.0636 | 0.19 | 0.16 | 0.16 | 0.17 | 0.01 |
| 14 | 0.31 | 0.23 | 0.07 | 0.2033 | 0.07055 | 0.41 | 0.66 | 0.55 | 0.54 | 0.07234 | 0.17 | 0.1 | 0.11 | 0.1267 | 0.02186 |
| 15 | 0.14 | 0.25 | 0.08 | 0.1567 | 0.04978 | 0.53 | 0.64 | 0.62 | 0.5967 | 0.03383 | 0.19 | 0.17 | 0.17 | 0.1767 | 0.006667 |
| 16 | 0.1 | 0.27 | 0.09 | 0.1533 | 0.0584 | 0.54 | 0.68 | 0.62 | 0.6133 | 0.04055 | 0.17 | 0.14 | 0.14 | 0.15 | 0.01 |
| 17 | 0.14 | 0.31 | 0.08 | 0.1767 | 0.06888 | 0.52 | 0.71 | 0.62 | 0.6167 | 0.05487 | 0.16 | 0.15 | 0.14 | 0.15 | 0.005774 |
| 18 | 0.14 | 0.32 | 0.05 | 0.17 | 0.07937 | 0.54 | 0.74 | 0.64 | 0.64 | 0.05774 | 0.14 | 0.21 | 0.16 | 0.17 | 0.02082 |
| 19 | 0.13 | 0.32 | 0.06 | 0.17 | 0.07767 | 0.58 | 0.72 | 0.66 | 0.6533 | 0.04055 | 0.18 | 0.21 | 0.22 | 0.2033 | 0.01202 |
| 20 | 0.15 | 0.36 | 0.07 | 0.1933 | 0.08647 | 0.6 | 0.69 | 0.7 | 0.6633 | 0.0318 | 0.24 | 0.22 | 0.24 | 0.2333 | 0.006667 |
| 21 | 0.16 | 0.34 | 0.07 | 0.19 | 0.07937 | 0.62 | 0.71 | 0.68 | 0.67 | 0.02646 | 0.23 | 0.25 | 0.26 | 0.2467 | 0.008819 |
| 22 | 0.12 | 0.32 | 0.09 | 0.1767 | 0.07219 | 0.6 | 0.69 | 0.71 | 0.6667 | 0.03383 | 0.17 | 0.25 | 0.33 | 0.25 | 0.04619 |
| 23 | 0.17 | 0.34 | 0.1 | 0.2033 | 0.07126 | 0.67 | 0.69 | 0.7 | 0.6867 | 0.008819 | 0.21 | 0.33 | 0.33 | 0.29 | 0.04 |
| 24 | 0.14 | 0.37 | 0.1 | 0.2033 | 0.08413 | 0.71 | 0.64 | 0.69 | 0.68 | 0.02082 | 0.17 | 0.31 | 0.33 | 0.27 | 0.05033 |

Key:

a - First reading, b – Second reading, c – Third reading, SE - Standard Error, 2R - Phage 2R infected culture of S2, 2RC – Phage and Chloramphenicol infected and treated culture of S2, 2RCip – Phage and Ciprofloxacin infected and treated culture of S2

## yes
## I want morebooks!

Buy your books fast and straightforward online - at one of world's fastest growing online book stores! Environmentally sound due to Print-on-Demand technologies.

Buy your books online at
**www.morebooks.shop**

Compre os seus livros mais rápido e diretamente na internet, em uma das livrarias on-line com o maior crescimento no mundo! Produção que protege o meio ambiente através das tecnologias de impressão sob demanda.

Compre os seus livros on-line em
**www.morebooks.shop**

Printed by Books on Demand GmbH, Norderstedt / Germany